HYGIÈNE PUBLIQUE

LES EAUX D'ÉGOUT

INDUSTRIELLES ET MÉNAGÈRES

LEUR ÉPURATION CHIMIQUE ET AGRICOLE.
DANGERS DES IRRIGATIONS

PAR

JEAN DE MOLLINS,

Docteur ès-Sciences de Zurich,

Ancien Directeur de la Manufacture de bleus d'aniline
de Hœchst-sur-le-Mein, de l'Echardonnage chimique de laines de Croix
et d'Exploitations de Phosphates de chaux
dans le département du Pas-de-Calais.

Extrait du Bulletin de la Société Industrielle du Nord.

LILLE

IMPRIMERIE L. DANEL.

1891.

HYGIÈNE PUBLIQUE

LES EAUX D'ÉGOUT

INDUSTRIELLES ET MÉNAGÈRES

LEUR ÉPURATION CHIMIQUE ET AGRICOLE. DANGERS DES IRRIGATIONS

PAR

JEAN DE MOLLINS,

Docteur ès-Sciences de Zurich,

Ancien Directeur de la Manufacture de bleus d'aniline
de Hœchst-sur-le-Mein, de l'Echardonnage chimique de laines de Croix
et d'Exploitations de Phosphates de chaux
dans le département du Pas-de-Calais.

Extrait du Bulletin de la Société Industrielle du Nord.

LILLE

IMPRIMERIE L. DANEL.

1891.

HYGIÈNE PUBLIQUE.

LES EAUX D'ÉGOUT

INDUSTRIELLES ET MÉNAGÈRES

LEUR ÉPURATION CHIMIQUE ET AGRICOLE.
— DANGERS DES IRRIGATIONS.

PAR

JEAN DE MOLLINS,

Docteur ès-sciences de l'Université de Zurich.

PRÉFACE.

Nous avons l'honneur de présenter aujourd'hui à la Société Industrielle du Nord. un travail sur *les eaux d'égout, leur épuration et les dangers des irrigations.*

Nous n'avons pas la prétention d'avoir fait une compilation complète ni des découvertes importantes ; nous ne signalons que quelques grandes lignes qui nous ont préoccupé au cours de notre carrière industrielle.

Commencé il y a douze ans, ce travail a été plusieurs fois interrompu par divers changements de résidence de l'auteur ; nos lecteurs voudront bien, en conséquence, nous accorder toute leur indulgence.

Ayant toujours été attaché à des administrations privées, nous n'avons jamais eu à notre disposition les ressources que rencontrent les commissions officielles, aussi sommes-nous pauvre en statistiques comparatives. En dehors de nos expériences personnelles, nous avons dû avoir recours à l'obligeance de quelques collègues et aux librairies, pour nous procurer les ouvrages sur la matière.

Si nous pouvons être utile à quelque jeune commençant ou à quelque industriel embarrassé par ses eaux-vannes ; si nous pouvons avoir convaincu les chercheurs de la nécessité de suivre les eaux d'égouts dans les profondeurs du sol, pendant les irrigations ; si nous avons pu contribuer, en une faible mesure, à empêcher que nos rivières, jadis si poissonneuses, ne deviennent de plus en plus de vrais cloaques : nous poserons la plume avec la seule satisfaction du devoir accompli dans un champ de travail bien aride et bien ingrat.

Liège, Janvier 1891.

JEAN DE MOLLINS.
Docteur ès-sciences de Zurich.

PREMIÈRE PARTIE

NATURE DES EAUX D'ÉGOUTS.

———

Nous diviserons dès l'abord les eaux-vannes en eaux ménagères, industrielles, et mixtes ou mélanges des deux premières.

CHAPITRE I.

EAUX-VANNES MÉNAGÈRES.

———

Les liquides provenant des grandes agglomérations sont diversement constitués ; dans certaines villes où le système du « tout à l'égout » prédomine, nous voyons les produits de déjections humaines s'ajouter aux eaux ménagères proprement dites. — Dans d'autres contrées, les matières fécales sont conservées dans des citernes et forment un engrais très recherché.

Quoiqu'il en soit on retrouve toujours dans les eaux ménagères à peu près les mêmes éléments, leurs quantités respectives seules variant suivant les localités.

Le savon et le carbonate de soude employés dans les ménages maintiennent en émulsion les détritus graisseux des cuisines ou les produits des lessives ; une certaine quantité de poussière ainsi que

des particules d'aliments plus ou moins ténues s'ajoutent aux premières substances ; de plus, les eaux pluviales des rues, apportent
à l'égout les produits de la vie animale tels que déjections de che-
vaux, de bestiaux, etc.

La réunion de toutes ces matières donne une eau d'un aspect
trouble, blanchâtre ou grisâtre, de réaction généralement neutre ou
faiblement alcaline.

L'odeur de cette eau d'égout est faible tant que le liquide est
d'origine récente.

Par la stagnation, une partie seulement des matières en suspension se dépose, le reste est retenu sous forme d'émulsion ou de vase
très légère.

L'analyse chimique des eaux ménagères dénote la présence de
matières minérales et organiques en suspension et en dissolution,
telles que : de l'argile, de la terre, des phosphates, de l'urée, des
matières organiques azotées, des sels solubles, chlorures, carbonates,
sulfates alcalins et sels ammoniacaux.

Les quantités respectives de ces matières varieront suivant le
régime hydraulique et les usages des diverses localités.

CHAPITRE II.

EAUX-VANNES INDUSTRIELLES.

Nous entendons sous le nom d'eaux-vannes industrielles les liquides sans valeur, rejetés par l'industrie.

Voici quelques-unes des industries que nous mentionnerons :

1. Lavoirs de laines ;
2. Teintureries et apprêts d'étoffes ;
3. Tanneries et mégisseries ;
4. Fabriques de soude et de potasse :
5. » de matières colorantes :
6. Rouissage de lin :
7. Abattoirs ;
8. Fabriques de colle et de gélatine :
9. Distilleries et sucreries ;
10. Brasseries :
11. Distilleries de goudron et de pétrole.

Eaux-vannes des lavoirs de laines.

Beaucoup de laveurs de laine jettent encore leurs eaux savonneuses à la rivière sans en extraire la suintine et la potasse.

D'autres industriels, éclairés par les remarquables travaux de Chevreul et de Maumené, épurent partiellement leurs eaux grasses dans le but d'en retirer des produits marchands, mais rejettent une eau-vanne qui est loin d'être désinfectée.

Donnons ici la parole à MM. Gaillet et Huet (1).

« Les eaux des lavages de laines sont souillées par toutes les
» impuretés de la laine brute, sable, terre, suint, etc. et contien-
» nent, en outre, les éléments constitutifs du savon qui a servi au
» dégraissage.

» La composition de ces eaux est donc extrêmement variable,
» puisqu'elle dépend de la quantité d'eau employée pour le lavage,
» de la qualité et de la provenance de la laine, de la nature et de la
» proportion du savon employé et aussi des usages de l'établissement
» où le dégraissage est pratiqué.

» La quantité d'eau employée pour le lavage peut varier du simple
» au double et même au quadruple, suivant les établissements.

» La laine à travailler se présente sous deux états :

» Laine lavée à dos.

» Laine en suint.

» La première a été débarrassée de la plus grande partie des
» matières terreuses et de la presque totalité des substances solubles,
» notamment du suint qui est, comme on le sait, un savon soluble
» à base de potasse et dont le corps gras est fourni par la transpi-
» ration cutanée du mouton.

» La laine en suint est, au contraire, chargée de toutes ces impu-
» retés dont les proportions sont extrêmement variables, selon la
» race du mouton, selon la région qu'il habite et selon l'époque de
» la tonte.

» Quelques laveurs de laine soumettent directement la laine en
» suint aux opérations du dégraissage, absolument comme la laine
» lavée à dos, sans aucune préparation préliminaire.

» D'autres, au contraire, prennent le soin de soumettre préala-

---

(1) Gaillet et Huet. Épuration etc.

» blement les laines en suint au désuintage, lévigation à l'eau tiède
» dont le résultat est l'entraînement de la majeure partie du suint
» et l'obtention de laine assimilable à la laine lavée à dos.

» On sait quel parti on tire de ces lessives de suint : par un
» travail méthodique on les amène à une concentration de 10°
» Beaumé environ par simple passage sur la laine en suint. puis
» on les concentre et on les calcine dans des fours spéciaux. Le
» résultat de cette calcination est un salin brut qui renferme de 75
» à 80 % de carbonate de potasse.

» Si l'on remarque que 100 kilos de laine en suint donnent de
» 5 à 7 kilos de salin brut et que le kilogramme de carbonate de
» potasse vaut en moyenne (1) fr. 0,60. on voit de suite que
» l'opération du désuintage ne devrait jamais être négligée.....

» D'un autre côté. la suppression des suints entraîne une amé-
» lioration extrêmement considérable des eaux de lavage. c'est une
» souillure en moins, et. puisque nous nous occupons ici tout
» spécialement de ces eaux. nous pouvons dire de suite que
» l'extraction des suints a pour conséquence, non seulement une
» production très rémunératrice de potasse très recherchée. mais
» encore une diminution considérable de la dépense d'épuration.

» Indépendamment des laines lavées à dos et des laines en suint
» les laveurs de laines ont quelquefois à traiter les laines provenant
» du travail des peaux de moutons pour la tannerie et la mégisserie.
» Ces laines sont chargées de chaux et quelquefois de sulfure d'arse-
» nic. elles exigent un traitement spécial et entraînent aussi une
» modification assez notable de la composition des eaux de dégrais-
» sage. »

L'extraction de la graisse des eaux savonneuses peut se faire de
diverses manières : les liquides sont précipités par un acide (sulfurique ou chlorhydrique) ou par un sel métallique ou alcalino-terreux

---

(1) En 1882.

(chlorure de fer, chlorure ou sulfate d'alumine, chlorure de calcium, de magnésium, etc.)

Les magmas recueillis sur des filtres sont alors soumis à un traitement spécial dans le but d'en extraire la graisse ou *suintine*.

Voici d'après MM. Gaillet et Huet la composition d'une eau savonneuse :

Eau provenant du lavage des laines en suint, densité 1009, réaction alcaline, couleur café au lait, odeur infecte de sulfhydrate d'ammoniaque et de suint.

Composition par litre :

Graisse..	11 gr.
Autres matières organiques	7,450
Matières minérales	6,500
Résidu général.........	24,950

Les eaux savonneuses provenant du traitement de laines dessuintées renferment une moindre proportion de matières organiques et minérales solubles.

Nous avons eu l'occasion d'étudier les eaux-vannes sortant d'un grand peignage après qu'elles avaient été dégraissées par le traitement à l'acide chlorhydrique ; elles présentaient alors la composition suivante :

Eau blanchâtre, presque claire, odeur faiblement acide, *après quelques jours de stagnation, devient brune, nauséabonde.*

Composition par litre :

Sels divers, prédominance de chlorure de potassium....	3,640
Graisse et autres matières organiques.................	2,377
Total...............	6,117

Cette eau renfermait, en outre, de l'acide chlorhydrique libre à raison de 0,700 (H Cl) p. litre.

On jetait ces liquides à l'égout, tantôt tels quels, tantôt après neutralisation par un lait de chaux ; dans ce dernier cas l'eau renfermait 1 g. à 1 g. 5 de chlorure de calcium par litre.

Le volume des eaux de lavages de laine est considérable : c'est par milliers de mètres cubes que ces liquides sont journellement rejetés par nos grands centres lainiers.

Eaux-vannes des teintureries et apprêts d'étoffes.

Parmi les eaux industrielles, celles des teintureries sont les plus abondantes, concurremment avec celles des lavages de laine.

L'on sait que dans l'opération de la teinture, l'étoffe ne fixe qu'une portion très minime des matériaux employés : c'est donc dans l'égout qu'il faudra rechercher la plus grande partie des mordants, des acides ou des matières colloïdes qui auront servi à l'apprêt et à la teinture des tissus.

Voici d'après le Rapport de la Sous-Commission (1) de 1881 sur les Eaux de l'Espierre, un relevé des principaux produits chimiques employés par les teinturiers de Roubaix et de Tourcoing :

Acides, sulfurique, chlorhydrique, azotique, acétique, oxalique, tartrique.

Sulfates de fer, de zinc, de cuivre.

Chromates, chlorure de chaux, alun.

Carbonates de soude, de potasse, soude caustique, Sulfate de soude, tartre, chlore, etc.

Savon, corps gras divers, lichen, barège, colle, gélatine, amidon, gomme, etc.

Il ne faut pas s'attendre à retrouver chacun de ces corps isolément dans l'eau d'égout. — Le mélange est très complexe, ce qui n'empê-

---

(1) Épuration des eaux de l'Espierre, villes de Roubaix et Tourcoing.— Rapport de la Sous-Commission. — Lille. L. Danel. 1881.

che pas les produits des réactions réciproques de tendre vers une
simplicité relative de composition. — Les acides trouvent ordinairement assez d'alcali pour se neutraliser ; les sels métalliques se
décomposent également en oxides et sels de calcium, de sodium ou
d'ammonium : le chlorure de chaux se réduit en chlorure de calcium
et donne aussi du carbonate de chaux : quant aux matières organiques, elles restent en suspension ou en dissolution, suivant leur
nature.

Les matières colorantes diverses employées par nos teintureries
et dont une certaine quantité arrive à l'égout, donnent à l'eau
vanne des nuances variées suivant les heures de la journée : en
moyenne, cependant, le mélange pris à l'égout pendant vingt-quatre
heures, présente une teinte uniformément grise ou noire.

Eaux-vannes des tanneries et des mégisseries.

Les eaux impures des tanneries proprement dites sont relativement peu abondantes : la situation des mégisseries est différente, les
peaux y subissent, en effet, l'opération du tannage dans des bains
très volumineux, et le « sabrage » exige des quantités d'eau considérables.

Nous avons étudié les eaux-vannes d'une mégisserie des environs
de Roubaix ; nous y avons trouvé des matières organiques en suspension et en dissolution, des sulfates, des matières tannantes,
telles que fragments de sumac, etc. Parmi les résidus insolubles nous
avons trouvé des proportions notables de sulfate de plomb.

Ces eaux éminemment putrescibles, étaient brunes ou incolores
ou parfois encore noires comme de l'encre ; elles contenaient de
4 à 7 grammes de résidu total par litre.

Eaux-vannes des fabriques de soude et de potasse.

Les fabriques de soude appliquant le procédé Leblanc produisaient de grandes quantités d'un déchet dit « charrées de soude », mélange complexe de divers sulfures de calcium.

Abandonnées en grands amas, les charrées étaient lessivées par les eaux pluviales, donnant ainsi naissance à des liquides très corrompus.

Aujourd'hui, la soude à l'ammoniaque a définitivement détrôné la soude Leblanc et ces graves inconvénients ont disparu.

Le seul résidu encore encombrant du procédé à l'ammoniaque est constitué par du chlorure de calcium : c'est un corps qui n'a aucun pouvoir infectieux. il durcit bien un peu l'eau des rivières dont le débit est par trop faible, mais il ne la trouble pas. Ce corps, ne tardera, du reste, pas à trouver de nombreux emplois industriels

Ce n'est guère qu'en Allemagne, près de Stassfurt que les eaux-mères provenant des diverses cristallisations donnant naissance au chlorure de potassium, occasionnent une contamination très grave des rivières. Ces liquides sont chargés de chlorures de magnésium et de calcium en quantités si considérables. que l'industrie n'a pu jusqu'à présent les absorber en entier d'une manière profitable.

Eaux-vannes des fabriques de matières colorantes.

L'industrie des matières colorantes artificielles, très répandue en Allemagne, en Suisse. en Angleterre et en France. se groupe de préférence sur les grandes rivières. Le Rhin à Bâle. Manheim et Mayence, le Mein à Francfort, le Rhône près de Genève et bien d'autres fleuves. reçoivent les déjections d'un grand nombre de fabriques de matières colorantes.

En Belgique et dans le Nord de la France, cette industrie n'a pas encore pris le même pied qu'au dehors ; cependant comme les conditions industrielles de ces deux régions sont excellentes. nous devons nous attendre à la voir bientôt se répandre dans nos centres manufacturiers, avec cette différence, néanmoins. entre nous et nos voisins, que nous serons fort embarrassés par l'écoulement des résidus.

On peut dire, sans exagération, que les matières premières employées par la grande industrie des colorants artificiels représentent la collection de tous les produits chimiques existants.

Les dérivés du goudron : les acides sulfurique, chlorhydrique, azotique, phosphorique : les carbonates de chaux, de soude, de potasse, d'ammoniaque : les sulfate, acétates et chlorates de ces mêmes bases : les chromates et bichromates : les sels de cuivre, de zinc, d'étain; le sel marin : la chaux : les sulfites, hyposulfites, etc., tels seront les corps ou leurs dérivés qu'il faudra rechercher en quantités plus ou moins fortes dans les eaux-vannes.

Nous ajouterons à cette liste quelques composés arsenicaux que l'on retrouvera dans les eaux des fabriques où l'on prépare encore la fuchsine en oxydant un mélange d'aniline et de toluidine par l'acide-arsénique.

En général, on trouvera dans ces eaux-vannes une prédominance des acides sulfurique et chlorhydrique, ainsi que des sels de soude, de potasse, d'ammoniaque et de chaux : en outre, ces eaux posséderont successivement toutes les nuances de l'arc-en-ciel.

Eaux-vannes du rouissage du lin.

C'est sur le cours de la Lys et d'autres petites rivières des Flandres Belges ou Françaises que l'on peut étudier ces eaux.

Le rouissage n'est autre chose qu'une sorte de fermentation putride des matières gommeuses ou amylacées qui agglutinent les fibres du lin.

Par suite de réactions complexes, ces substances se dissolvent dans l'eau en lui communiquant une odeur fétide et une couleur sombre.

Le degré d'infection variera suivant le débit de la rivière : en Belgique, la Lys, dans les eaux de laquelle on peut constater la présence d'acide sulfhydrique libre, était si corrompue, que l'Etat en a détourné le cours pour la conduire directement à la mer par un canal spécial de la Schipdonck à Heyst.

Nous avons souvent vu dans une petite rivière des environs de Lille tous les poissons nager sur le flanc aussitôt que la période du rouissage commençait ; on les prenait alors aisément à la main.

Eaux-vannes des abattoirs.

Les eaux des abattoirs peuvent extrêmement varier dans leur composition suivant le régime hydraulique et les coutumes des divers pays. — Ici, on recueillera à part le sang, pour en extraire l'albumine industrielle ; ailleurs, ce liquide et toutes les autres déjections animales seront mélangés dans des citernes et utilisés pour l'agriculture, soit tels quels, soit encore sous forme pulvérulente, après dessication ; dans maintes localités enfin, ignorants de leurs propres intérêts, les habitants peu éclairés par les sciences agricoles cu économiques, jetteront le tout à la rivière, au grand détriment de la salubrité publique et de la pêche fluviale.

Si quelque municipalité, par trop ignorante ou arriérée rentre encore dans cette dernière catégorie, nous verrons les eaux de rivière se charger de matières éminemment putrescibles, susceptibles d'engendrer une très grave infection.

Eaux-vannes des fabriques de colle et de gélatine.

Ces eaux, souvent très infectes et putrescibles renferment, suivant leur origine, des matières organiques solubles ou insolubles telles que fragments de peaux, détritus d'os, etc. : elles sont souvent acides.

Eaux-vannes des distilleries et sucreries.

Les eaux résiduaires des distilleries ou vinasses contiennent des sels potassiques et des matières organiques azotées, en mélange parfois avec des acides minéraux : ces liquides sont susceptibles d'occasionner une très grande infection des rivières.

On a essayé de traiter les vinasses par l'osmose pour en extraire des nitrates ; on les calcine aussi dans des fours évaporatoires pour en extraire du carbonate de potasse.

Ces dernières années, une nouvelle méthode a surgi et ici, encore. nous verrons l'industrie venir au secours de l'hygiène publique et cela avec bénéfice pour le fabricant (1).

Bon nombre d'industriels jettent cependant encore leurs résidus à la rivière ou cherchent à les utiliser en irriguant des terrains cultivés.

Les chiffres suivants nous rendent compte du degré d'infection que peuvent engendrer les vinasses.

MM. Gailiet et Huet (2), ingénieurs chimistes à Lille, retiraient de un mètre cube de vinasses 40 kil. de boue. renfermant 20 kil. de matière sèche. et ce. par l'adjonction de 3 kil. de chaux et de 3 kil. de perchlorure de fer en solution concentrée.

Les vinasses avaient donc cédé aux réactifs environ 16 kil. de ma-

---

(1) Non contents de calciner les vinasses en envoyant ainsi dans l'atmosphère des substances organiques d'une grande valeur. MM. Tilloy et Delaune. à Courrières (Pas-de-Calais). ont appliqué à ces matières les procédés de M. Camille-Vincent.

Ces procédés consistent à distiller les vinasses en vases clos ; par leur décomposition on obtient : du sulfate d'ammoniaque, de l'alcool méthylique et de la triméthylamine.

Ces résidus industriels ont à leur tour trouvé de nombreux emplois ; le sulfate d'ammoniaque comme engrais et la triméthylamine comme point de départ de deux industries aussi utiles qu'intéressantes.

Dans les mains de MM. J. Ortlieb et Müller, la triméthylamine est devenue pour la fabrication du carbonate de potasse l'émule de l'ammoniaque dans la fabrication de la soude Solvay. En faisant agir un courant d'acide carbonique sur un mélange de chlorure de potassium et de triméthylamine. MM. Ortlieb et Müller ont réussi à fabriquer du carbonate de potasse d'une très grande pureté.

Là ne devait pas s'arrêter le succès de l'industrie. La triméthylamine est susceptible, en effet. de se transformer en chlorure de méthyle par l'action sous pression du gaz acide chlorhydrique.

Or. le chlorure de méthyle, corps éthéré très volatile trouve un emploi important dans la fabrication des verts et violets d'aniline. dans les machines à produire le froid et dans l'extraction des essences parfumées des fleurs.

(2) *Journal des Fabricants de Sucre*. du 26 octobre 1881.

tières insolubles, elles avaient, en outre, conservé en solution les sels de potasse, d'ammoniaque et une notable proportion de matières organiques.

La boue de vinasses sus-mentionnée contenait :

Eau .	45	%
Azote	2,80	»
Acide phosphorique	1,70	»
Cendres	9,40	»

Eaux-vannes des brasseries.

Nous croyons ne pouvoir mieux éclairer ce sujet qu'en reproduisant textuellement quelques parties d'un article signé P. B., que nous trouvons dans le *Journal des Brasseurs*. du 20 février 1881.

« La question de l'épuration des eaux industrielles intéresse la
» brasserie à un double titre:

» 1° Un certain nombre de brasseurs , en effet, et nous avons
» été plusieurs fois consulté à cet égard, éprouvent des embarras
» et des ennuis de toutes sortes : plusieurs même ont dû soutenir
» des procès par suite de l'écoulement peu facile de leurs eaux
» industrielles. et des conséquences qui en résultent pour le voisi-
» nage au point de vue de la salubrité.

» On sait avec quelle promptitude s'altèrent les eaux de bras-
» series si fortement acides et si chargées de matières organiques
» putrescibles, soit que ces eaux proviennent du mouillage des grains,
» du lavage du sol, des germoirs, des entonneries, des caves. des
» fonds de cuves, des fonds de tonneaux, etc.

» Tous ces résidus liquides, fournis en si grande abondance par
» les exigences de la fabrication, deviennent vite de véritables
» foyers d'infection, empestant l'atmosphère de l'établissement et
» ses alentours.

» Pour éviter ces inconvénients si graves, pour se soustraire aux
» plaintes et aux réclamations des voisins, quelques brasseurs

» n'avaient trouvé rien de mieux que de creuser des puits perdus à
» certains endroits de leur établissement, puits où ils envoyaient se
» déverser leurs eaux d'usine. Mais après un temps plus ou moins
» long les conséquences désastreuses de ce système d'écoulement
» des eaux de lavage ne tardaient pas malheureusement à se faire
» sentir. Ces eaux, par filtration, arrivaient jusqu'au puits même
» de la brasserie, dont elles contaminaient la pureté de l'eau en la
» rendant absolument impropre à tout usage comme eau de bras-
» serie.

» Un honorable brasseur du Pas-de-Calais, il y a quelques
» semaines encore, nous faisait part des déboires qu'il éprouvait
» par suite d'infiltrations de ce genre dans le puits de son établis-
» sement dont l'eau se trouvait ainsi tellement viciée, que ne pou-
» vant plus fabriquer avec elle un verre de bière potable, il se
» voyait dans la nécessité de brasser avec des eaux recueillies au
» dehors.

» Aussi, l'emploi de puits perdus dans l'enceinte de l'usine, pour
» se débarrasser des eaux industrielles est-il le moyen le plus dan-
» gereux, par ses conséquences, que l'on puisse utiliser.

« 2° D'un autre côté, la question de l'épuration des eaux indus-
« trielles touche aussi directement les nombreux brasseurs dont
« l'établissement longe un ruisseau, un canal, où viennent se
« déverser en abondance des eaux industrielles souillées de matières
« putrescibles.

« Nous avons, à cet égard, dans le milieu de l'été dernier, à
« propos du foyer de pestilence que présentait pour ses riverains
« un petit cours d'eau des environs de Lille, énuméré les inconvé-
« nients considérables qui pouvaient en résulter pour les brasseries
« longeant des canaux dont les eaux se trouvent ainsi infectées.
« Les miasmes et gaz méphitiques qui se dégagent en abondance de
« ces eaux souillées, pénétrant dans les germoirs où la circulation
« d'un air pur et sain pour entretenir la germination normale du
« grain est si impérieusement exigée, exercent bientôt sur les

« couches en travail leur influence délétère. En quelques heures,
« l'évolution vitale de la graine peut être suspendue, le grain se
« trouver asphyxié, la couche se couvrir de moisissures.

« Dans les entonneries, sur les bières en fermentation, l'action
« de ces miasmes méphitiques n'est pas moins désastreuse. L'atmos-
« phère empestée qu'ils créent partout où ils pénètrent, favorise
« en effet au plus haut degré le développement des ferments de
« maladie qui prennent alors le pas sur la fermentation alcoolique
« pure, laquelle réclame, celle-ci, au contraire, le contact d'un air
« pur et abondamment oxygéné.

« A bien des points de vue, on le voit, la question d'épuration
« des eaux industrielles ne saurait trouver les brasseurs indiffé-
« rents. »

Eaux-vannes des distilleries de goudrons ou de pétroles.

La plupart des usines qui distillent les goudrons ou les pétroles
se contentent de laisser couler leurs résidus parfois très acides dans
des rivières ou des fossés absorbants.

Ces liquides, riches en matières goudronneuses peuvent contenir
jusqu'à 50 et 60 %, de leur poids d'acide sulfurique.

On a signalé, en 1884, une infection de la baie de New-York,
causée par de semblables résidus (1).

---

(1) *Moniteur scientifique*. Quesneville, 1885, p. 1029-1032. De l'utilisation
de l'acide sulfurique ayant servi à purifier des pétroles ou des carbures de
goudron.

CHAPITRE III.

EAUX-VANNES DES VILLES OU MIXTES.

Les eaux-vannes mixtes constituent la majeure partie des liquides se déversant dans nos rivières ; c'est dans cette catégorie que nous ferons rentrer les eaux d'égout des villes.

Il n'existe, en effet, à notre connaissance aucune ville de quelque importance où l'industrie fasse entièrement défaut ; en conséquence, les eaux d'égout des villes seront la plupart du temps un mélange d'eaux ménagères et de liquides industriels.

Eaux d'égouts de diverses villes.

Voici, sommairement indiquées les compositions respectives des eaux d'égouts de quelques villes d'Europe.

Réaction ordinairement neutre ou faiblement alcaline.

Résidu total sec calculé en kilogrammes pour un mètre cube de liquide

Manchester	1,011
Édinbourg	1,255
Londres	1,352
Birmingham	1,828
Bruxelles	1,442
Paris	2,327
Liverpool	3,487
Reims	3,772
Roubaix-Tourcoing	5,911

Nous donnerons ici le détail des analyses des eaux-vannes de Bruxelles et de Liège ; nous y joindrons celles des eaux de Roubaix-Tourcoing ; ces deux villes sont tributaires de l'Escaut et l'on sait combien la Belgique souffre et se plaint depuis quarante ans de l'infection qui en résulte.

Eaux d'égouts de Bruxelles.

Production journalière en 1883 : 86,400 mètres cubes.

Composition par litre (1) :

			gr.
En suspension........	Matières organiques..........		0,2623
	» minérales...........		0,2565
En dissolution........	» organiques		0,4392
	» minérales..........		0.4840
		Total............	1,4420

Une autre analyse, citée par M. Babut du Marès, donne des chiffres beaucoup plus élevés.

Détail des éléments d'après l'analyse ci-contre :

Carbone organique..........................	0,1077
Azote organique..............	0,0138
Azote ammoniacal	0,0386
» nitrique...........	point.
Acide phosphorique	0,0077
Chlore....................................	0,1326

Eaux d'égouts de Liège (2).

Production journalière : 50,000 mètres cubes.

---

(1) Babut du Marès.

(2) Il serait utile de refaire une analyse de ces eaux, les chiffres ci-dessus nous paraissent beaucoup trop élevés.

Composition par litre :

		gr.
En suspension.........	Matières organiques..........	0,7302
	» minérales	2,9108
En dissolution.........	Matières organiques..........	0,1258
	» minérales	0,3045
	Total............	4,0713

Détail des éléments :

En suspension	Azote........................	0,0281
	Acide phosphorique..........	0,0242
En dissolution	Azote organique.............	0,0127
	Azote ammoniacal............	0,0032
	Potasse anhydre	0,0197
	Acide phosphorique..........	0,0059

Eaux d'égouts de Roubaix-Tourcoing.

Le ruisseau le Trichon, collecteur général de Roubaix, prend à la sortie de cette ville le nom d'Espierre : il reçoit ensuite les eaux-vannes de Tourcoing et roule dès lors ses flots impurs vers l'Escaut.

Nous avons fait, en 1879, une analyse sommaire de l'eau du Trichon, dans le but de l'employer à l'irrigation agricole.

Voici nos résultats :

Eau noire comme de l'encre, restant après stagnation trouble et fétide.

Composition par litre :

Résidu total de l'évaporation................	4. gr. »

Détail de l'azote :

Azote des matières organiques en suspension et en dissolution........	0,039
Azote ammoniacal............	0,026
Azote total.....	0,065

Nous avions laissé de côté deux éléments essentiels, à savoir la potasse et l'acide phosphorique.

Divers auteurs avaient déjà remarqué, avant nous, que le résidu total pouvait varier de 4 à 6 gr. par litre.

Depuis lors, il a paru un travail fort détaillé (1) auquel nous empruntons les chiffres suivants ;

Composition par litre :

		gr.
Matières organiques....	Graisse.	1,080
	Matières organiques insoluble dans les acides............	0,470
	Matières organiques solubles colorant l'eau en rouge....	0,670
	Total des matières organiques........	2,220
Sels alcalins...........	Sulfate de soude.....	0,250
	Chlorure de sodium..........	0,190
	Carbonate de soude..........	0,240
	id de potasse	0,180
Carbonate de chaux.. ... . ,.................		0,700
Sable fin, alumine, oxyde de fer etc....................		0,660
Total général du résidu sec....................		4,440
Azote organique...........................		0,090
» ammoniacal.......		0,008
» nitrique...................		»
» total......		0,098

Nous trouvons, en outre, dans l'ouvrage de MM. Gaillet et

---

(1) Rapport de la Commission intercommunale pour l'épuration de l'Espierre. Lille, L. Danel, 1881.

Huet (1) les renseignements suivants sur la composition de l'eau de l'Espierre.

Matières grasses		0,9050
Autres matières organiques		0,2670
Mat. minérales solubles	Carbonate de potasse	0,0595
	Chlorure de sodium	0,1370
	Sulfate de soude	0,3950
	Carbonate de soude	0,2340
Matières minérales insolubles	Chaux, alumine et fer, argile sable.	1,0420
	Total général	3,0395
Ammoniaque.		0,0260

MM. Gaillet et Huet concluent comme suit :

« La dose moyenne des matières en dissolution et en suspension « dans les eaux de l'Espierre est donc de 3 k^{os} environ par mètre « cube ; nous avons constaté qu'elle variait de 2,5 à 5 k^{os}, c'est-à- « dire du simple au double. »

Les analyses que nous venons de citer nous montrent que les eaux d'égout des villes, quoique diversement souillées , présentent toutes quelques traits communs.

Elles renferment :

1° Des matières en suspension telles que détritus organiques, sable, argile, phosphates, etc.

2° Des matières en dissolution d'origine organique et des sels minéraux solubles, sulfates alcalins, chlorure de sodium, carbonates de potasse et de soude, etc.

La nature des matières organiques solubles ou non n'est pas indi-

---

(1) Association amicale des anciens élèves de l'Institut industriel du Nord.

quée dans les analyses, cela se comprend ; il serait difficile de donner un nom, de trouver une formule à des substances qui sont constituées par des mélanges de parties aussi hétérogènes.

Nous proposerons néanmoins aux spécialistes d'étudier les matières organiques solubles au point de vue de leur plus ou moins grande stabilité, ou autrement dit, de leur plus ou moins grande résistance à l'action épuratrice naturelle que nous voyons en activité dans les rivières, les agents de cette épuration étant l'oxigène dissous et les petits organismes, algues ou infusoires.

Dans nos études sur les eaux-vannes d'un peignage de laines, nous avons été frappé de la grande stabilité d'une matière organique azotée soluble, provenant des lavoirs et donnant à la calcination une odeur caractéristique de colle forte brûlée.

Nous avons observé que cette substance résistait aux actions épuratrices naturelles pendant plus de quinze jours, quoique l'eau, d'aspect claire, fût devenue le milieu de culture d'innombrables algues et infusoires, de petits crustacés et de larves de cousins.

Il est inutile de dire que nous avons retrouvé cette substance caractéristique dans les eaux d'égouts de Roubaix, l'un des plus importants centres lainiers de France.

Il est probable que les matières organiques solubles des eaux d'égouts d'autres villes seront beaucoup moins stables, si dans ces centres les déjections humaines ou animales sont en prédominance. L'on sait en effet avec quelle facilité l'urée se décompose sous l'action des ferments pour donner naissance à du carbonate d'ammoniaque.

DEUXIÈME PARTIE

DE L'ÉPURATION DES EAUX D'ÉGOUTS.

CHAPITRE IV

DE L'ÉPURATION NATURELLE. — DE LA STAGNATION DES EAUX IMPURES.
DE LEUR MÉLANGE A CELLE DES RIVIÈRES. — DE LA PRÉTENDUE
OXYDATION DES MATIÈRES ORGANIQUES DISSOUTES.

Lorsqu'on abandonne à la stagnation et à l'air, dans un bassin ou dans une grande cuve, de l'eau impure, noire, trouble, d'une odeur « sui generis ». de réaction neutre ou faiblement alcaline, il se dépose après quelque temps au fond du récipient une couche plus ou moins abondante de limon ; l'eau d'abord trouble prend une odeur de putréfaction qui peu à peu s'atténuera pour devenir terreuse : au bout de quelques jours, le liquide verdit et se clarifie en conservant sa couleur ambrée ou en se décolorant complètement.

Si l'on examine alors cette eau, on la trouve chargée d'acide carbonique libre ou à l'état de bicarbonates d'ammoniaque, (rarement de nitrates). et de matières organiques solubles : si l'eau-vanne renferme des sels de chaux solubles, elle aura légèrement incrusté les parois du récipient d'une mince couche de carbonate de chaux.

Le microscope dénotera la présence d'innombrables organismes doués de mouvement ou non, incolores ou de nuance verte.

Dans l'eau, de même que dans le sol, nous verrons donc, les matières réputées mortes rentrer promptement dans le cycle de la vie par l'intermédiaire primordial des infiniments petits (1).

Si au lieu de laisser l'eau-vanne en permanence en stagnation dans le même récipient, on en opère de temps en temps une décantation, on activera beaucoup l'épuration naturelle; on observera cependant que même quand cette eau sera presque claire, elle déposera encore sous l'action combinée de l'air et des petits organismes un faible limon floconneux et quelquefois visqueux au toucher ; parfois même de longs filaments d'une algue blanchâtre s'attacheront sur les objets immergés.

Les eaux-vannes, en coulant dans les rivières d'un faible débit, ont pour effet d'y produire des amas de vase ; les matières minérales et organiques en suspension se précipitent lors du mélange avec une eau claire ; le bicarbonate de chaux de cette dernière forme en outre avec le savon de l'eau d'égout un précipité floconneux.

La vase. une fois au fond de la rivière y subit une décomposition très lente et devient une source d'infection pour ainsi dire perpétuelle pour l'eau qui la baigne.

L'expérience nous prouve. que la putréfaction rend peu à peu solubles les matières primitivement insolubles de la vase : en effet, si l'on abandonne de la boue d'égouts dans une grande cuve sous une couche d'eau pure , l'on verra au bout de quelques jours les couches supérieures du liquide devenir infectes.

---

(1) Sans vouloir nous arrêter à cette étude, qui sort de notre cadre et de notre compétence. signalons en passant un corps (une algue ?) qui donne parfois aux eaux d'égouts de Roubaix. conservées en flacon bouché ou à la vase de l'égout. une belle couleur violacée ou d'un pourpre rosé que nous avons vu persister pendant plusieurs semaines.

Abandonnant un instant les infiniments petits mentionnons aussi comme autre chaînon de la vie animale des vers rouges longs de 10 à 15 millimètres qui la tête plantée dans la vase et serrés les uns contre les autres se laissent osciller au gré du courant en formant des taches pourpres dans les égouts à la limite de l'eau et de la rive.

Les sels minéraux solubles de l'eau d'égout s'ajouteront à ceux que charrie la rivière sans y produire d'effet bien sensible, à moins toutefois qu'il n'y ait dans l'eau-vanne une notable proportion de sulfates : l'on sait, en effet, que les hygiénistes admettent qu'en présence des matières organiques les sulfates peuvent se décomposer et donner de l'acide sulfhydrique ou hydrogène sulfuré.

Ce corps est non-seulement un poison violent, des plus nuisibles pour les poissons, mais encore il se portera sur l'oxygène dissous et rendra à l'eau ses propriétés putrescibles (1).

Les rivières de notre région, dont l'eau est souvent dormante et profonde s'envasent donc généralement sous l'action des eaux d'égouts.

En été, elles se transforment souvent en véritables cloaques à ciel ouvert, répandant dans l'atmosphère une odeur pestilentielle.

Inutile de dire que l'eau en devient alors impropre même aux usages industriels les plus ordinaires.

Nous ne parlerons pas ici de la pêche fluviale, presque abandonnée dans notre région depuis plus de vingt ans.

La situation est différente lorsque les villes, abondamment pourvues d'eau pure, sont situées sur quelque grande rivière. Le « Tout à l'égout » peut alors être appliqué sans danger pour les riverains d'aval.

Les matières déjetées sont noyées dans un fort courant d'eau,

---

(1) Une eau de rivière contaminée renfermant de l'acide sulfhydrique prend un aspect laiteux sous l'action du soufre libre tenu en suspension.

Nous avons parfois recueilli à la surface d'eaux très corrompues de véritables croûtes de soufre.

Nous croyons que le soufre laiteux répandu dans le liquide à l'état globulaire peut rentrer en combinaison avec les matières organiques par son contact prolongé avec ces dernières, redonnant ainsi de l'hydrogène sulfuré.

Il y a donc là un cercle vicieux montrant combien la présence du soufre à un état quelconque est à combattre dans les déjections d'égouts.

la vase ne peut se former, disparaissant dans le fleuve en mélange avec du sable ou de l'argile.

Quant aux matières organiques solubles, on admet généralement qu'elles sont détruites par combustion sous l'action de l'oxygène dissous dans l'eau pure. — Nous reviendrons sur ce dernier point, nous chercherons à démontrer que l'on a attribué jusqu'à ce jour trop d'importance à la combustion ou oxydation, sans tenir compte de la présence dans l'eau des petits algues ou micro-organismes.

Pour appuyer notre dire, citons un passage traduit d'un ouvrage de M. Frankland (1); nous verrons qu'il y est souvent question d'*oxydation* mais non de vie animale au sein du liquide.

« M. Frankland nous a fourni sur ce sujet des données de la plus
» haute importance. Ce savant a mélangé de l'eau d'égout avec de
» l'eau pure de la Tamise à raison de 5 $\%$ de la première, soit un
» mélange renfermant 1/20 d'eau d'égout. En faisant une petite
» cascade artificielle au moyen de siphons, il a beaucoup activé
» l'*oxygénisation* de l'eau : *l'oxygène dissous étant bien connu*
» *pour avoir une action chimique beaucoup plus puissante*
» *que l'oxygène de l'atmosphère.*

Voici les conclusions de M. Frankland. « *on oxyda en* 24
» *heures* 62,3 $\%$ *des matières organiques. Dès lors, l'eau*
» *d'égout de Londres étant mélangée à* 20 *fois son volume*
» *d'eau, à peine les* 2/3 *de cette eau pourraient-ils être détruits*
» *après un parcours de* 270 *kilomètres à raison de* 1.609^{m}
» *par heure, soit en une semaine.* . . . . »
l'oxydation de la matière organique de l'eau d'égout se pro-
duit avec une extrême lenteur, même quand l'eau d'égout est
mélangée à un large volume d'eau non souillée.

Pendant le parcours d'une eau contaminée dans le lit d'une rivière, c'est celui-ci qui devient le bassin de décantation : l'eau en suivant la pente naturelle abandonne peu à peu les matières qu'elle

---

(1) Rapport à M. Diancourt. — Reims, E. Luton, p. 102.

tenait en suspension : au fur et à mesure qu'elle arrive sur un fond moins vaseux on la voit se clarifier, quelquefois verdir et enfin reprendre lentement ses propriétés primitives: seuls les chlorures et une partie des sulfates solubles vont en augmentant avec le parcours de la rivière à travers les villes.

L'eau, pendant ce voyage est donc sans cesse exposée à deux actions contraires : 1° l'action de surface, c'est-à-dire, celle de l'air, épurateur énergique soit directement soit par suite des propriétés vivifiantes qu'il exerce sur les organismes épurateurs, et 2° l'action de fond ou celle de la vase, qui par les produits de sa décomposition constitués en majeure partie par des gaz putrides et réducteurs, devient l'entrave de l'action de surface.

L'on conçoit combien l'intensité de cette épuration naturelle pourra varier suivant la nature des eaux-vannes, le débit des rivières, la nature de leur fond, etc.

En terminant, notons donc encore une fois le rôle antiépurateur de la vase d'égout et nous comprendrons pourquoi nos Conseils de salubrité publique s'efforcent d'en interdire le déversement dans les rivières.

Que l'on nous permette de tirer de ce chapitre une conclusion pratique.

Étant donnée une eau-vanne à épurer, la première chose à faire si l'on est au bord d'une rivière sera donc d'étudier exactement quel est le régime de celle-ci au point de vue de l'épuration naturelle.

Il résultera de cette étude que dans certains cas une simple clarification de l'eau impure suffira, tandis qu'ailleurs une épuration plus complète sera de rigueur : les conditions locales seules pourront fixer le praticien sur la marche à suivre.

CHAPITRE V

UN CAS PARTICULIER D'ÉPURATION NATURELLE, ESSAIS D'APPLICATION SUR UNE GRANDE ÉCHELLE.
EXPÉRIENCE SUR L'OXYDATION DES MATIÈRES ORGANIQUES DISSOUTES.
DE LA POSSIBILITÉ D'UTILISER L'ÉPURATION NATURELLE.

Au cours de nos essais d'épuration des eaux-vannes d'un peignage de laines, nous avions obtenu comme produit final un liquide renfermant par litre environ 0 gr. 600 de matières organiques solubles, du chlorure de calcium et de potassium et une faible quantité de sulfates alcalins. Le résidu total était de 2 gr. 300.

Ce liquide n'était pas très putrescible : exposé à la lumière dans des bocaux ouverts, il ne s'altérait pas sensiblement ; nous avions observé que si on l'abandonnait à la stagnation dans de grands étangs à fond argileux, il verdissait au bout de 5 à 6 jours pour prendre après trois semaines une nuance grise légèrement trouble et une odeur terreuse.

L'analyse chimique dénotait alors dans le liquide de notables proportions d'acide carbonique libre.

Nous avions épuisé la liste des réactifs susceptible de retenir les matières organiques solubles ; leur transformation en acide carbonique sous l'action de la stagnation dans de grands étangs, nous paraissait dès lors présenter quelque valeur pratique.

Pendant l'été de l'année 1881, nous construisîmes deux étangs superposés en utilisant la pente naturelle d'un terrain ; les digues en terre gazonnée avec corrois d'argile au centre retenaient **600** mètres cubes dans le bassin supérieur et 2,400 dans l'inférieur. Les radiers faiblement inclinés étaient constitués par la couche d'argile jaune du pays. Nous avions calculé que pour un travail continu il aurait fallu deux autres bassins de réserve permettant aux deux premiers d'être de temps en temps mis à sec, pour éviter que leur fond ne prît un caractère vaseux sous l'action de l'eau qui s'y infiltrait.

L'eau qui servit à alimenter ces bassins avait été préalablement traitée par la chaux ; elle était claire, cristalline, légèrement jaunâtre, douée d'une faible odeur de suint.

Le bassin supérieur nous servait de bassin *de neutralisation* : l'eau y séjournait pendant 5 ou 6 jours jusqu'à ce que l'acide carbonique de l'air, en s'y dissolvant, eût saturé la chaux libre ; après cela nous la laissions couler dans le bassin inférieur où se faisait *l'oxydation*, et où le liquide restait trois semaines environ.

Un détail important au point de vue de l'action de fond dont nous avons parlé plus haut, c'est que les radiers de nos bassins étaient en pente douce qui partait de la surface pour atteindre dans l'étang supérieur $0^m,80$ et dans l'inférieur $1^m,40$ de plus grande profondeur.

Au bout de quelques jours de marche régulière, nous vîmes se passer dans l'étang d'oxydation des phénomènes très multiples ; l'eau prit une teinte verte qui s'accentua de plus en plus ; sans aucun doute, des quantités innombrables de petites algues à chlorophylle avaient trouvé dans ce liquide une abondante nourriture et se multipliaient dans d'énormes proportions en absorbant et en s'assimilant les matières organiques solubles ; nous ne parlerons pas en détail des quantités d'organismes divers, doués de mouvement et visibles sous le microscope, qui eux aussi, contribuaient à cette transformation de la matière organique, substance morte, en matière vivante.

Des animaux aquatiques supérieurs, larves de cousins, ditiques, grenouilles, prirent bientôt leurs ébats dans notre étang, attestant par leur présence du degré d'épuration déjà bien avancé du liquide.

Quoique l'eau clarifiée eût renfermé avant son arrivée dans le bassin supérieur de la chaux vive en dissolution à raison de 0 gr. 5 CaO ou plus par litre, nous fûmes toujours frappé de retrouver dans l'eau épurée par stagnation, de notables proportions d'acide carbonique libre. — D'où venait cet acide carbonique, était-ce de l'atmosphère, était-il un produit de décomposition des matières organiques? c'est ce que nous n'avons pu fixer : nous croyons cependant qu'il était en majeure partie d'origine organique, et avait pris naissance au sein du liquide.

Nous n'avons pas pu analyser l'eau épurée par stagnation, l'évaporation à l'air et les chutes de pluie ayant modifié la composition du liquide de façon à nous enlever tout point de comparaison avec ce qu'il était à l'origine.

Nous mentionnerons cependant deux caractères très importants de ce liquide : c'est que 1° mélangé à de l'eau de rivière pure, il n'y formait aucun dépôt et ne lui communiquait aucune odeur, et 2° conservé en flacon bouché, il ne subissait plus de décomposition putride ; il restait clair et prenait une odeur très faiblement terreuse, mais nullement infecte.

Nous avons développé plus haut l'idée que l'épuration naturelle n'est pas due à une simple oxydation des matières organiques dissoutes et qu'il faut probablement en attribuer une part importante aux organismes tels qu'algues, infusoires, etc.

Il nous fallait à l'appui de notre théorie une expérience sur l'action de l'oxygène seul sur de l'eau-vanne clarifiée par la chaux et stérilisée ; voici comment nous l'avons organisée.

Un échantillon d'eau telle qu'elle arrivait à notre étang supérieur fut prélevé et mis de côté. — Ce liquide contenait un excès de chaux vive très notable et était. croyons-nous, par cela même stérilisé.

Un courant d'air, dépourvu d'acide carbonique et de germes par un passage à travers une longue colonne de chaux sodée demi pulvérulente, fut conduit pendant plusieurs jours à travers le liquide.

Nous rappellerons ici que la quantité de matières organiques solubles était d'environ 0 gr. 600 par litre.

Le titre alcalimétrique de l'eau étant pris à l'origine, nous devions inévitablement le voir changer par suite de la formation de carbonate de chaux au cas où de l'acide carbonique aurait pris naissance par l'*oxydation* des matières organiques solubles (1).

A notre grand étonnement, nous vîmes les matières organiques solubles rester absolument inaltérées ; pendant onze jours le titre alcalimétrique du liquide resta constant.

Voir le détail de notre appareil à la figure 1.

A, flacon renfermant deux litres de l'eau à examiner. Un litre de même liquide est conservé en flacon bouché comme témoin, et placé à côté du récipient A, afin d'être rigoureusement dans les mêmes conditions de température et de lumière.

B, colonne absorbante de un litre de capacité, remplie de fines granules et de poudre, d'un mélange de chaux et de soude caustique.

C, prise d'air pur de la campagne.

D, barbotteur renfermant une solution de baryte caustique pour déceler toute trace d'acide carbonique, s'il en restait dans l'air.

E, autre colonne à chaux sodée, destinée à empêcher toute rentrée accidentelle d'acide carbonique.

---

(1) Nous ne pensons pas que la chaux en solution dans le liquide ait pu constituer par sa seule présence une entrave à la simple oxydation : bien au contraire; l'on sait en effet que cette base exerce une action caustique sur les matières organiques en raison de son affinité pour l'acide carbonique, l'oxygène de l'air humide étant alors plus disposé à se porter sur les matières organiques.

F, réservoir d'eau avec trop plein, alimenté jour et nuit.

G, aspirateur (trompe) hydraulique réglé de façon à faire barbotter l'air sans interruption à travers le flacon A.

Le 11 novembre 1881, commencement de l'opération.

Cinquante centimètres cubes du liquide du flacon A et du flacon témoin sont filtrés et titrés avec de l'acide chlorhydrique renfermant 1/10 d'équivalent de HCl par litre ; on arrive au point de saturation avec $9^{cc},10$ d'acide.

Vers le 15 novembre, l'eau du flacon A paraît jaunir et se troubler légèrement.

Le **22** novembre, 50^{cc} de l'eau de A filtrée correspondent à $9^{cc},05$ d'acide, tandis que celle du témoin correspond encore à $9^{cc},10$.

Ces chiffres nous prouvent suffisamment que dans le cas particulier, il n'y avait pas eu formation de carbonate de chaux au sein du liquide, et par conséquent pas eu d'oxydation notable des matières organiques solubles

Nous fûmes très frappé de trouver une aussi grande stabilité dans une classe de matières solubles, qui dans certaines circonstances peuvent engendrer des réactions de putréfaction bien caractérisables, et qui, abandonnées à l'air, deviennent si promptement le centre de la vie animale.

Nous n'avons pas eu le loisir de poursuivre ces expériences : nous espérons les renouveler avec diverses solutions organiques, sauf qu'au lieu d'employer la chaux vive comme moyen de stérilisation, nous emploierons l'ébullition (1).

M. Pasteur, dans ses immortels travaux sur les fermentations, a le premier défini cette stérilisation des liquides ; la grande stabilité des jus de fruits ou autres milieux fermentescibles lorsqu'on les stéri-

---

(1) Dans l'ouvrage du Dr J. König, Berlin Julius Springer 1887, nous trouvons un chapitre sur ce sujet plein de données intéressantes, p. 99 nous lisons que dans des essais de laboratoire, l'épuration naturelle spontanée ne se produisait sous l'action de l'air que lorsque les liquides n'avaient pas été au préalable stérilisés par l'ébullition. — Max Müller arrivait déjà à ces conclusions en 1869.

lise et les conserve à l'air et à l'abri des germes, aurait dû depuis longtemps frapper les hygiénistes ; l'expression épuration des eaux-vannes par oxydation, aurait été dès lors réduite à sa juste valeur.

Nous ne serions pas étonné de voir des essais subséquents nous conduire à assimiler l'épuration naturelle aux fermentations, sources bien connues d'acide carbonique.

Nous nous sommes étendu très longuement sur l'épuration naturelle, parce que nous croyons que tous les faits que nous avons réunis dans ce chapitre, quoique généralement connus, sont précisément à cause de cela trop méconnus. — L'on est trop habitué dans le Nord de la France et en Belgique à considérer la rivière comme étant le réceptacle naturel de toutes les immondices ; on lui impose des problèmes d'épuration naturelle qu'elle est incapable de résoudre. Le jour où l'on aura compris tout le parti que l'on peut tirer d'observations exactes sur l'action de l'eau d'égoût, sur les rivières, la question si complexe de l'épuration aura fait un pas considérable. Le problème se résumerait alors comme suit : Il ne faut laisser couler à la rivière que des eaux épurées, ou ramenées à un état tel qu'elles ne produisent plus de vase et que leurs matières organiques solubles puissent rentrer promptement dans le cycle de la vie organique.

Il va sans dire que nous mettons ici hors de cause les eaux industrielles, quant aux matières purement salines qu'elles pourraient contenir.

Mentionnons comme exemples quelques cas où l'on pourrait appliquer avec succès l'épuration naturelle.

Beaucoup de nos lecteurs connaissent la Vesdre, actuellement l'égoût de Verviers ; cette rivière a un fond rocailleux ; les nombreux biefs des prises d'eau des usines permettent au liquide de se décanter pour se précipiter en cascades qui ont pour effet d'en activer l'oxygénisation.

A l'origine, près de Verviers, l'eau est trouble et noire, véritable boue d'égout ; à quelques kilomètres, en aval, par contre, on la voit se clarifier rapidement, surtout après son mélange avec l'eau du Wahai venant de Spa. Il se forme néanmoins derrière les barrages des amas d'une vase infecte, dégageant d'innombrables bulles de gaz putrides; parfois même, de véritables paquets de boue remontent à la surface, entraînés par des agglomérations de grosses bulles.

Il faudrait, au lieu de jeter tous les résidus industriels et autres directement à la Vesdre, installer en aval de Verviers un établissement d'épuration qui n'enverrait à la rivière qu'une eau, même partiellement épurée, mais ne donnant plus naissance à de la vase.

Dès lors, nous verrions la Vesdre se clarifier rapidement grâce à ses nombreuses cascades et au fond rocailleux sur lequel roulent ses eaux entraînées dans un courant très rapide.

Paris nous présente également un cas très intéressant ; en attendant que toutes les eaux soient épurées par irrigation près de Saint-Germain, au risque d'infecter toutes les sources avoisinantes, les égouts de la Ville continuent à encombrer le lit de la Seine de leurs déjections.

A Asnières, à quelques centaines de mètres en aval de l'embouchure du grand collecteur, nous avons vu la vase former des amas considérables dans le lit de la rivière ; *la rencontre de l'eau pure avec l'eau d'égout en avait provoqué la précipitation;* pourquoi ne ferait-on pas en-dessous de Paris, sur les rives de la Seine, deux immenses bassins de décantation peu profonds ; on y mélangerait l'eau d'égout avec un certain volume d'eau pure prise à la Seine ; quand un bassin serait plein de boues, on le laisserait s'essorer à l'air pour effectuer la clarification dans l'autre.

Ces grands étangs fonctionneraient ainsi alternativement et leur curage serait facile, étant admis que les boues eussent le temps de sécher avant leur enlèvement.

Au sortir de ces bassins, l'eau presque claire se chargerait rapidement d'organismes épurateurs et continuerait son cours dans la Seine, dans un lit exempt de vase, et l'infection serait dès lors beaucoup moindre qu'elle n'est actuellement.

Nous avons appris avec étonnement que la ville de Francfort-sur-le-Mein s'engageait dans de grandes dépenses pour appliquer à ses eaux d'égouts l'épuration chimique. — Pourquoi n'enverrait-elle pas simplement tout son sewage au Rhin par un petit collecteur de 30 kilomètres, bien facile à construire dans le thalweg du Mein et parallèlement à cette rivière ; là, noyés dans un énorme volume d'eau pure, les produits des égouts disparaîtraient sans occasionner aucun préjudice.

CHAPITRE VI

DE L'ÉPURATION CHIMIQUE DES EAUX D'ÉGOUTS. — ACTION DES EAUX-VANNES LES UNES SUR LES AUTRES. — DE L'EMPLOI DES FILTRES.

L'épuration chimique a pour but : Étant donnée une eau-vanne, de la désinfecter et d'en éliminer par l'adjonction de réactifs, les matières nuisibles à la salubrité publique ou à la pêche fluviale.

L'on obtient généralement deux produits :

1° Une eau clarifiée plus ou moins pure;

2° Un précipité boueux.

Les réactifs employés à la précipitation des eaux d'égouts sont très nombreux : nous mentionnerons :

Le fer, ses oxydes et ses sels, chlorures et sulfate.

Les sels d'alumine, chlorure et sulfate, sulfate brut connu sous le nom de cendres pyriteuses de l'Aisne.

Les sels de zinc et de cuivre.

Les phosphates acides impurs (brevet Knab).

Les sels de magnésie et la magnésie (brevet Schlœsing).

La chaux, le chlorure de calcium.

Les cendres de houille, de tourbe, le charbon de bois, le coke.

Le sang des abattoirs, les goudrons et les produits bruts de leur épuration.

L'argile.

Le silicate de soude et la silice soluble.

Sels de fer, ses oxydes, fer métallique.

L'action désinfectante des sels de fer est connue depuis longtemps.

Donnons à ce sujet la parole à M. Péligot (1) : « le perchlorure
« de fer, nous dit ce savant, a la propriété d'arrêter la putréfaction
« des matières organiques et de leur enlever l'odeur infecte qu'elles
« répandent dans cet état. Employé comme réactif pour l'épuration
« des eaux d'égout, il précipite les matières organiques en dissolu-
« tion et celles qui sont encore en suspension. Il précipite égale-
« ment l'acide phosphorique et une assez forte proportion de
« carbonate de chaux ; c'est par le péroxyde de fer qu'il agit sur
« les matières organiques solubles qui se transforment ainsi en
« produits analogues aux laques. Son chlore donne des chlorures
« de potassium, de sodium, de calcium qui restent en dissolution
« dans le liquide. »

En 1859, MM. Hoffmann et Frankland firent à Londres des
essais comparatifs en employant la chaux, le chlorure de chaux et
le perchlorure de fer (ce dernier à raison de 6 centilitres D° 1.45
par mètre cube). Tandis qu'avec la chaux et le chlorure de chaux,
la putréfaction des liquides recommença au bout de quelques jours,
elle ne reparut qu'après neuf jours avec le perchlorure de fer.

Les essais que nous avons faits tant sur les eaux vannes de la
ville de Roubaix que sur celles d'un lavage de laines et d'une
mégisserie, nous ont pleinement confirmé la justesse des observations précédentes.

Qu'on nous permette seulement d'établir une réserve : au lieu de

---

(1) Rapport à M. Dauphinot, Reims, E. Luton, 1870 (citation tirée de
E. Péligot. Recherche des matières organiques contenues dans les eaux. —
Annales du Conserv. des arts et métiers, t V, p. 62).

dire avec **M.** Péligot que le perchlorure de fer précipite *les matières organiques* en dissolution, nous dirons qu'il en précipite *une partie* seulement. L'oxyde provenant du perchlorure de fer exerce sur l'eau-vanne une action mécanique ; en outre, le perchlorure exerce une action oxydante en se transformant en protochlorure ; nous croyons néanmoins qu'il ne faut pas attribuer un très grand effet à cette oxydation, surtout si le perchlorure n'est employé qu'en faible quantité. Nous répéterons avec **M.** Péligot : c'est par leur oxyde que les sels de fer agissent sur les eaux d'égout.

Nous arriverons ainsi naturellement au protochlorure et au sulfate de fer ; ce dernier sel a été appliqué dans bien des villes, notamment à Reims et à Bradford.

L'eau d'égout, épurée par les sels de fer, aura donc cédé une partie de ses éléments à l'oxyde ferrique ou ferreux, tandis que les acides seront restés en dissolution, unis aux alcalis. Les chlorures alcalins sont inaltérables en présence des matières organiques ; il n'en est pas de même des sulfates. Dans certaines circonstances, en effet, ces derniers peuvent se décomposer en produisant de l'hydrogène sulfuré au sein du liquide : nous avons déjà signalé ce corps parmi nos pires ennemis. Donc, en résumé, les sels de fer sont de bons désinfectants : les chlorures seront préférables au sulfate.

Fer métallique et oxyde de fer hydraté.

M. Frankland a depuis longtemps reconnu l'action remarquable qu'exerce le fer sur les matières organiques en dissolution dans les eaux potables. Ce savant a fait à Londres des essais, en employant comme filtre, l'éponge de fer, produit fabriqué actuellement en Angleterre sur une très grande échelle. Voici les résultats obtenus (1) :

---

(1) *Moniteur scientifique.* Quesneville. 1876. p. 234 (extrait de « Les Eaux potables ». par E. Frankland).

Eau de la Tamise, filtrée sur de l'éponge de fer.

	Carbone	Azote
Avant la filtration............................	0,210	0,032
Après id.	0,048	0,009

Le filtre conserva son pouvoir épurateur pendant huit mois.

En 1857, Medlock (1) propose l'emploi du fer métallique ; il pense que le fer transforme en acide azoteux et azotique la matière organique et l'ammoniaque contenus dans le liquide.

L'éponge de fer agit plus énergiquement que le fer, elle absorbe la matière organique et cède au liquide 0 gr. 010 de fer par litre. La purification s'opère avec plus d'énergie si l'on augmente la quantité de fer dissoute par l'action de l'acide carbonique.

En 1889, le fer métallique granuleux est employé à Anvers sur une grande échelle à la purification des eaux alimentaires de la ville (2). On recommande ici l'aération de l'eau après le traitement par le fer granuleux et l'emploi subséquent de filtres.

Comme eau d'égout, nous ne pouvons signaler que celle de Hertford qui ait subi le traitement au fer métallique ci-dessus désigné ; les résultats obtenus sont assez encourageants pour que cette étude mérite d'être sérieusement poursuivie sur les eaux d'égouts d'autres localités.

Dès l'origine de nos essais d'épuration des eaux-vannes, nous avons porté notre attention sur l'oxyde de fer ; nous avions alors en vue la désinfection des boues ; l'on sait en effet que de la vase

----

(1) De la purification de l'eau, par le D<r> Gust. Bischoff. *Moniteur scientifique*, Quesneville. 1874, p. 49.

(2) La purification des eaux par le fer métallique dans le purificateur rotatif Anderson, par E. Devonshire, traduit par Ad. Kemna.
Gand. C. Annoot-Braeckmann, 1889.

chargée d'oxyde de fer se décompose lentement à l'air en se transformant en terre végétale, et cela sans dégagement odorant. C'est cette combustion lente que l'on a désignée du nom d'Eréma-causie.

Les belles recherches de Kuhlmann ont démontré que le fer exerce une action oxydante en faisant la navette pour prendre l'oxygène atmosphérique et le transporter sur les matières facilement oxydables. Le fer, en présence de l'humidité et des matières organiques, se péroxyde d'abord puis, par une seconde réaction, il cède de l'oxygène aux substances organiques pour redevenir protoxyde, de rechef, ce protoxyde se péroxyde à nouveau et ainsi de suite.

Nous sommes assez partisan de cette ingénieuse théorie ; nous dirons en outre que nous croyons pouvoir attribuer au fer une autre action lorsqu'il s'agit d'eaux-vannes corrompues ou de vase.

Nous croyons que dans ces deux cas, le fer joue un rôle très important en fixant le soufre de l'hydrogène sulfuré et en permettant ainsi à l'oxygène de pénétrer dans les matières en décomposition.

Toutes les fois, en effet, que nous avons abandonné des eaux-vannes brutes à la putréfaction, nous avons observé la formation d'hydrogène sulfuré ; nous n'avons, par contre, jamais rencontré ce gaz libre lorsque nous avions au préalable traité l'eau d'égout par l'oxyde ou les chlorures de fer.

Voici encore quelques exemples frappants :

Nous avons dit dans l'article sur l'épuration naturelle que nous avions rencontré dans les eaux de lavages de laines épurées une matière organique très stable : nous avons cherché à la détruire sous l'action combinée du fer et de l'air.

Deux cuves de bois furent remplies chacune de quarante litres d'eau noire corrompue, ayant séjourné quinze jours sur de la vase : elle contenait une notable quantité d'acide carbonique libre.

La cuve I servait de témoin : la cuve II fut garnie de copeaux de fer mis en tas de façon à émerger sur un des côtés.

Les deux récipients furent placés en plein air, l'un à côté de l'autre, et tous les jours, on en agita fortement le contenu d'une manière uniforme au moyen d'une rame.

Après cinq jours, nous observâmes ce qui suit :

L'essai I n'avait pas changé d'aspect, il était resté noir et fétide : précipité par la chaux il donnait un liquide ambré, putrescible par stagnation.

L'essai II, par contre, était devenu clair comme de l'eau de table : l'adjonction de chaux donnait un volumineux précipité *verdâtre* floconneux, très riche en fer et s'oxydant rapidement à l'air ; l'eau ainsi épurée était imputrescible et conserva indéfiniment son aspect malgré une stagnation de plusieurs mois.

Les eaux des essais I et II prises avant leur traitement par la chaux, présentèrent aussi des réactions très différentes. Conservée en flacons bouchés pendant plusieurs mois, l'eau de I dégagea beaucoup d'hydrogène sulfuré et resta trouble et fétide ; l'eau de II, par contre, dans les mêmes conditions, resta claire et se peupla d'algues vertes, surtout dans les parties du flacon atteintes le plus directement par la lumière diffuse du laboratoire (1).

Tout ce que nous venons de dire nous amène à considérer le fer, non-seulement comme un agent de précipitation, mais encore comme un désinfectant. Nous croyons que ses propriétés remarquables n'ont pas assez attiré l'attention des hygiénistes.

Nous appellerions volontiers les oxydes de fer des désinfectants permanents : en effet, les désinfectants tels que le chlorure de chaux, l'acide sulfureux, la chaux, et d'autres corps, sont des matières instables ; le chlorure de chaux se décompose peu à peu en chlorure de calcium, en chlore et en carbonate de chaux ; le chlore se neutralise dans les eaux impures et l'action de ce désinfectant est

---

(1) L'eau brute de la mise en flacon bouché prit par moments une belle couleur pourpre rosée, due probablement à une algue ; nous avons souvent observé cette coloration dans des eaux infectes ainsi conservées.

ainsi terminée : l'acide sulfureux se neutralise de même, et quant à la chaux, restée en liberté dans le sein des liquides, elle ne tarde pas à se carbonater sous l'action de l'acide carbonique de l'air.

Le fer, par contre, commence son rôle épurateur dès l'instant où il est incorporé à l'eau putrescible, pour ne s'arrêter que quand les matières organiques en solution ou en suspension auront cessé de lui fournir un aliment : toujours avide d'oxygène d'un côté, toujours prêt à en rendre d'un autre et toujours avide également d'hydrogène sulfuré, le fer effectuera ainsi sans cesse son circuit bienfaisant.

Dans une autre série d'expériences, nous avons placé en gradins plusieurs cuves remplies de copeaux de fer ; nous avons alors filtré l'eau corrompue, chargée d'acide carbonique à travers ce milieu ; nous avions soin de laisser le filtre exposé à l'air pendant douze heures entre chaque filtrage, afin d'oxyder les matières qu'il retenait ; nous avons observé ici des faits analogues à ceux que nous avons décrits plus haut.

Si nous n'avons pas appliqué ce procédé sur une grande échelle, c'est parce que nous poursuivions l'idée d'épurer journellement plus de mille mètres cubes d'eau corrompue : la dépense en cuves, fer, main-d'œuvre et nettoyages aurait été trop considérable.

Nous croyons cependant que l'épuration par le fer métallique pourrait s'appliquer avec succès à de faibles volumes d'eaux-vannes et surtout dans le cas où l'on aurait à épurer des liquides très corrompus.

Sels d'alumine.

Nous avons employé le sulfate d'alumine ferrugineux brut à la clarification des eaux de l'Espierre à Roubaix ; de même qu'avec les sels de fer, nous avons observé la formation d'un très volumineux précipité, exerçant sur le liquide une action collante remarquable, surtout après adjonction subséquente de chaux.

Nous n'avons jamais été très partisan du sulfate d'alumine, à cause de la quantité d'acide sulfurique qu'il introduit dans le liquide ; nous avons essayé d'obvier à cet inconvénient en transformant le sulfate d'alumine en chlorure, en faisant agir sur ses solutions un déchet de l'industrie soudière, le chlorure de calcium. Si l'on mélange les solutions de sulfate d'alumine et de chlorure de calcium, l'on voit apparaître un volumineux précipité de sulfate de chaux ; le chlorhydrate d'alumine restant en solution peut alors constituer un très bon agent de clarification.

Sels de zinc.

Les sels de zinc agissent mécaniquement comme les sels de fer ; ils n'ont pas les mêmes propriétés oxydantes, mais par contre ils sont toxiques ; on les emploie beaucoup dans les latrines ; leur prix élevé les a généralement empêchés de servir à la clarification des eaux d'égouts ordinaires.

Phosphates acides impurs et sels de magnésie.

Les phosphates acides se décomposent dans l'eau d'égout, notamment après adjonction de chaux, en y formant un précipité floconneux doué d'une certaine affinité pour les matières organiques solubles et entraînant mécaniquement les corps en suspension.

Pour l'épuration d'eaux chargées de sels ammoniacaux, on a essayé l'emploi des phosphates acides en présence des sels de magnésie ou de magnésie hydratée ; l'on espérait ainsi arriver à fixer l'ammoniaque sous la forme de phosphate ammoniaco-magnésien (Brevet Schloesing). L'idée est ingénieuse mais ne peut s'appliquer à des eaux faiblement ammoniacales ; le phosphate ammoniaco-magnésien n'est, en effet, pas absolument insoluble dans l'eau

Cendres de houille et de tourbe; charbon pulvérisé.

Ces corps précipitent les eaux soit, en raison de leur teneur en cendres qui agissent à la façon de l'argile (v. plus loin) en donnant un précipité floconneux , soit aussi par la présence de fragments de charbon poreux dont on connaît le pouvoir absorbant pour les gaz dissous et les matières organiques.

Sang des abattoirs.

On a essayé ce corps en Angleterre dans le procédé dit A B C (Alum blood, clay ou Alum blood charcoal) (1) pour opérer le collage du liquide. Il est possible que l'on soit parvenu à clarifier les eaux ; nous craignons fort, cependant, que les parties solubles du sang n'en aient rendu la putrescibilité subséquente plus grande.

Goudrons.

On a essayé de jeter dans les eaux d'égout les produits bruts de la distillation du goudron dans le but évident d'en arrêter la putréfaction.

Nous croyons qu'il y a mieux à faire que cela avec le goudron dans la grande industrie chimique, et nous ne sommes pas sans inquiétude pour les poissons qui se trouveront dans des effluves d'eaux ainsi épurées lors de leur déversement à la rivière.

Chaux.

Cette base est devenue le réactif le plus important pour l'épuration des eaux d'égouts ; toutes les matières que nous venons de nommer s'emploient conjointement avec la chaux ; s'il s'agit de l'emploi de

---

(1) Alun sang et argile du noir animal.

sels métalliques, la chaux s'ajoute en second lieu ; l'oxyde hydraté floconneux provoque un collage énergique du liquide.

Dans de nombreux cas, et même la plupart du temps, on se contente de chaux seule ajoutée sous forme de lait.

La chaux agit de diverses manières :

1° Elle rencontre dans l'eau impure de l'acide carbonique libre ; il se forme alors un précipité floconneux de carbonate de chaux qui entraîne les corps en suspension et qui est doué d'une affinité spéciale pour une partie des matières organiques solubles.

2° Le savon contenu dans l'eau d'égout forme avec la chaux un savon calcaire également floconneux.

3° Nous avons toujours observé que la chaux ajoutée en excès facilitait la clarification de l'eau en activant la précipitation de toutes les matières suspendues dans le sein du liquide.

Cette action que nous appellerons l'action *précipitante* de la chaux est très remarquable : nous l'avons observée sur les corps les plus dissemblables au point de vue chimique retenus en suspension dans l'eau tels que le carbonate de calcium, l'argile, le sulfate de baryte, le minerai de fer, la houille pulvérisée, etc.

De l'eau distillée tenant l'un de ces corps en suspension peut rester indéfiniment trouble ; il suffit de quelques gouttes d'eau de chaux pour provoquer de suite la formation de flocons qui tombent rapidement au fond du liquide.

Pour ce qui concerne l'argile, on a essayé d'attribuer ce fait à la formation de certains silicates moins solubles : nous ne croyons pas cette hypothèse absolument fondée puisque le carbonate de chaux, le sulfate de baryte et la houille se comportent ici comme l'argile.

L'action clarifiante de la chaux sur les eaux-vannes est presque instantanée si ce réactif a été ajouté en quantité suffisante pour qu'il reste un peu de chaux libre en excès dans la liquide ; il en résulte une désinfection momentanée complète ; en effet, le précipité a entraîné avec lui la plus grande partie des microorganismes en suspension ; telle est du moins l'opinion du Dr Virchow (1).

Nous croyons pouvoir nous ranger complètement à cette opinion : nous avons obervé maintes fois que de l'eau clarifiée par la chaux renfermant encore de notables proportions de matières organiques solubles, s'épurait rapidement lorsqu'on l'exposait en mince nappe à l'action simultanée de l'air pur de la campagne et de la lumière.

Nous avons déjà dit qu'au point de vue du déversement des eaux épurées à la rivière, la désinfection n'était que momentanée ; en effet, si de l'eau clarifiée par la chaux est abandonnée en grande masses dans des rivières d'un faible débit, la chaux vive se neutralise peu à peu en absorbant de l'acide carbonique, soit de l'air, soit de l'eau avec laquelle le contact a été effectué, et alors, surtout si ie fond de la rivière est vaseux, nous voyons réapparaître les phénomènes de putréfaction.

Il peut aussi arriver qu'une eau épurée par la chaux contenant encore un excès de cette base produise immédiatement un amas de vase lors de son écoulement dans un cours d'eau.

Cette précipitation résulte ainsi que nous venons de le dire, de la présence d'acide carbonique libre dans l'eau de la rivière. Nous avons vu relever ce fait comme un grief contre l'emploi des procédés chimiques.

Si l'on dispose d'un emplacement suffisant, il est bien facile d'obvier à cet inconvénient : il suffit, en effet, d'ajouter de l'eau

---

(1) « Meiner Meinung nach ist eben die Sedimentirung das Wesentlichste bei » der Sache, denn mit den chemischen Stoffen schlagen wir erfahrungsgemäss eine » ausserordentlich grosse, vielleicht die ganze Menge der parasytären Keimen » nieder (trad.) » J'admets que la précipitation est l'opération la plus importante: l'expérience nous enseigne, en effet, que par l'action des réactiís chimiques il se précipite une quantité considérable, si ce n'est la totalité des germes infectieux parasitaires.

Der Torf als filtrationsmittel. M. Knauff, p. 7. Berlin, A. Seydel

de rivière à l'eau épurée dans un bassin où la précipitation s'opérera avant la décharge des liquides.

Les cas sont nombreux où une simple précipitation des eaux-vannes par la chaux suffirait pour leur enlever leur caractère infectieux ; nous l'avons dit en 1879, à propos de l'épuration des eaux d'égouts de Roubaix. En 1885, une commission officielle qui étudia la question en Angleterre rapporta de ce voyage des conclusions absolument identiques aux nôtres : l'on avait pris comme modèles les villes de Bradford, Leeds, Manchester, Salford et Birmingham.

Depuis lors, un vaste établissement d'épuration a été érigé sur le collecteur général des deux villes de Roubaix et Tourcoing. Les eaux précipitées par la chaux seront décantées dans de grands bassins ; quant aux boues d'épuration qui en résulteront, elles n'ont pas encore dit leur dernier mot.

Avant de quitter la chaux, mentionnons en passant une idée qui est traitée dans un ouvrage allemand, tendant à établir que cette base augmente la proportion des matières organiques solubles (1). La chaux ferait passer à l'état soluble les matières organiques en suspension. Cette idée a été controversée. Il est difficile de se prononcer, vu la diversité des eaux qui ont servi de point de départ aux recherches ; il faut s'attendre, du reste, à ce que de tout temps les eaux-vannes soient comme une sorte de boîte à surprise, réservant sans cesse quelque énigme à ceux qui les examineront de près.

Argile.

L'idée d'appliquer l'argile à des opérations industrielles, telles que traitement des eaux-vannes, lavages, etc., n'est pas nouvelle.

L'emploi de la terre à foulon se perd dans la nuit des temps.

------

(1) Die Verunreinigung der Gewässer von Dr J. König. Berlin, 1886.

Dans ces dernières années, de nombreux expérimentateurs ont observé les propriétés épuratrices remarquables que l'argile exerce sur les eaux-vannes.

Nous avons, en 1878, étudié la réaction de l'argile sur l'eau de l'Espierre (1) ; nous avons expliqué son action clarifiante par le fait de sa « coagulation » (2) sous l'influence des substances diverses contenues dans l'eau-vanne.

L'attraction particulière que l'argile du sol exerce sur les matières organiques et sur les dissolutions salines est bien connue des agronomes.

L'argile étant un corps universellement répandu, l'on conçoit que, dès l'origine, l'homme lui ait cherché des emplois.

Les documents, cependant, n'abondent pas ; nous mentionnerons ici les quelques rares ouvrages où nous avons pu trouver des renseignements sur ce sujet.

Moniteur des Produits chimiques 1872, p. 138. *Procédé d'épuration des eaux-vannes du général Scott en Angleterre.* — On ajoute à l'eau d'égout un mélange de chaux et d'argile, les matières organiques forment le tiers du dépôt. Par la calcination de ce résidu, on obtient d'un côté du gaz, tandis que de l'autre, l'argile et la chaux forment du ciment.

Handbuch der Chemischen Technologie de Bolley 1872. — Cet ouvrage mentionne les propriétés épuratrices remarquables de l'argile employée comme filtre. « Le noir animal et l'argile sont reconnus comme étant les deux plus efficaces milieux filtrants » p. 61.

De l'épuration des eaux d'égouts, etc. Rapport à M. V. Diancourt, conseiller municipal. Reims. 1874. E. Luton. — Procédé Bird appliqué à Stroud en Angleterre. — On ajoute

---

(1) Mémoire sur l'épuration chimique des eaux d'égouts de Roubaix. 1879.

(2) Le mot agglomération ne rend pas bien ici la pensée.

à l'eau d'égout un mélange d'argile et d'acide sulfurique. Les 9/10 des matières en suspension sont éliminés et l'azote en dissolution est réduit de près de moitié.

Description des brevets d'invention T 56, 1886. — Brevet datant de 1856 à M. Boucachart. On dégraisse la laine en employant un mélange de kaolin et d'acide sulfurique.

Communication personnelle de M. J. Ortlieb à M. J. de Mollins, en 1881. Un de nos collègues et ami M. Ortlieb a étudié en 1878, l'action de diverses argiles sur l'eau de l'Espierre ; après quelques essais préliminaires, il concluait à l'emploi de la chaux et d'argile de Hem (près de Roubaix), pour l'épuration de ce ruisseau.

M. Ortlieb pensait, en outre, que l'on pourrait aussi aciduler l'eau et ajouter de l'argile pour retirer la graisse du magma formé.

Nous avons été heureux de constater que souvent les chimistes se rencontrent sur un même terrain, quoique les routes suivies aient été différentes.

Nous reproduirons ici in extenso, le passage de notre mémoire de 1878, ayant trait à cette question :

Pendant le cours de nos essais d'épuration des eaux de Roubaix, nous fîmes un jour une petite maçonnerie avec un mortier d'argile, sur la digue d'un bassin contenant de l'eau du Trichon non épurée.

Nous observâmes qu'un peu de notre mortier jeté dans l'eau y provoquait la formation de nuages grisâtres floconneux, ressemblant un peu à ceux que produit la chaux.

Aussitôt ce fait observé, nous ajoutâmes un lait d'argile à de l'eau d'égout contenue dans une éprouvette ; nous fûmes alors agréablement surpris en voyant l'eau noire et infecte se transformer en une eau admirablement cristaline, tandis qu'un volumineux précipité grisâtre tombait rapidement au fond de l'éprouvette en entraînant avec lui toutes les impuretés en suspension dans le liquide.

Il était intéressant de poursuivre l'étude de cette réaction. Dès l'abord nous abandonnâmes l'argile jaune contenant trop de sable , pour la remplacer par l'argile bleue plastique, très-abondante dans ce pays où elle porte le nom de Diève.

Nous préparâmes un lait d'argile bleue contenant une quantité connue de ce corps ; il fallait pour sa manipulation prendre les mêmes précautions qu'avec le lait de chaux.

Voici quelques chiffres approximatifs : pour 1 litre d'eau d'égout.

Il faut de 7 à 10 gr. d'argile pour obtenir une eau cristalline : toutefois, 1 gr. 5 à 2 gr. provoquent une action clarifiante notable ; on peut s'en assurer en remplissant une éprouvette d'eau brute qui sert de point de comparaison.

L'argile bleue coûte 2 fr. la tonne, c'est-à-dire 0 c. 02 le kilo ; une étude exacte de son action sur l'eau d'égout permettrait peut-être d'utiliser pour l'épuration chimique ce réactif si bon marché.

Action du lait de chaux sur une solution d'argile bleue.

L'action du lait de chaux sur l'eau d'égout nous paraît être complexe, à la fois chimique et mécanique. Le lait de chaux est formé d'une multitude innombrable de particules solides en suspension dans l'eau, et ne contient que peu d'hydrate de calcium dissous ; lorsqu'on le mélange avec une eau contenant du savon, ce qui est le cas des eaux d'égout de Roubaix, il se produit un savon calcaire ; ce dernier forme probablement une enveloppe insoluble autour de chaque particule de chaux ; l'action chimique ultérieure du noyau calcaire étant immédiatement paralysée, ce noyau n'agirait plus que par son poids, en entraînant le précipité au fond du liquide.

La conclusion pratique de cette théorie était de chercher à substituer partiellement à la chaux, une matière lourde moins chère que cette dernière. L'argile bleue avec laquelle nous venions de clarifier l'eau d'égout semblait éminemment propre à des essais dans cette direction.

En préparant un mélange de lait de chaux et de solution d'argile, nous observâmes une réaction caractéristique, qui va nous arrêter un instant :

On délaye 10 gr. d'argile bleue dans 1 litre d'eau jusqu'à ce qu'il n'y ait plus la moindre particule solide ; on agite cette solution chaque fois que l'on veut s'en servir : nous l'appellerons la « solution d'argile. »

On remplit une éprouvette de cette solution : l'argile se dépose peu à peu, et le liquide reste grisâtre pendant un temps plus ou moins long. Si au lieu de laisser le liquide se clarifier spontanément, on ajoute un peu de lait de chaux, il se forme immédiatement un volumineux précité floconneux qui tombe au fond du liquide, et l'eau devient cristalline.

L'effet est plus frappant encore si la solution d'argile est plus concentrée : on délaye par exemple 100 gr. d'argile dans 1 litre d'eau, et l'on ajoute un lait de chaux contenant 5 gr. de ce corps ; au moment où l'on agite, le liquide s'épaissit : un volumineux précipité floconneux se forme et se sépare lentement d'une eau parfaitement claire.

En ne considérant cette réaction qu'au point de vue de l'épuration, on voit que nous sommes de nouveau en présence d'une action de « collage » d'un liquide.

Nous avons essayé de reproduire cette action sur l'eau du Trichon, en lui ajoutant successivement la chaux et l'argile, ou l'argile et la chaux. Nous n'avons pas remarqué que l'on obtienne dans ces deux cas une clarification plus énergique que quand on ajoute les mêmes quantités de lait de chaux et de solution d'argile préalablement mélangés.

Action d'un mélange de solution d'argile et de lait de chaux
sur l'eau d'égout.

Nous avons fait une série d'essais comparatifs ayant pour but de fixer les pouvoirs clarifiants du lait de chaux seul, ou en mélange avec une solution d'argile

Voici quelques chiffres, pour 1 litre d'eau du Trichon.

1) Adjonction de 1 gr. 250 d'argile + 0 gr. 250 de chaux. L'eau, après 1/4 d'heure de repos est plus claire qu'avec 0 gr. 5 de chaux seule

2) Adjonction de 1 gr. 250 d'argile + 0 gr. 250 de chaux. L'eau après 1/4 d'heure de repos est aussi claire qu'avec 0 gr. 750 de chaux seule.

1 gr. 250 d'argile exercerait donc le même pouvoir clarifiant que 0 gr. 5 de chaux. Nous nous bornons au terme « clarifiant » car nous n'avons pas poussé plus loin l'étude de l'eau obtenue dans ces essais.

Voici un autre exemple de l'action épuratrice de l'argile que nous avons observé en 1879, au cours de nos essais d'épuration des eaux d'un peignage à Croix (1).

Quand on ajoute un « lait » d'argile bleue à de l'eau de savon il ne se produit pas de précipité marqué ; l'argile gagne peu à peu le fond du vase, et le liquide reste plus ou moins longtemps trouble.

Si, par contre, on substitue à l'eau de savon une émulsion d'acides gras, le phénomène prend un tout autre aspect. On dissout un peu de savon dans de l'eau distillée : on ajoute quelques gouttes d'acide chlorhydrique : le liquide devient d'un beau blanc laiteux en vertu de la formation d'une émulsion d'acides gras. Si alors, à cette émulsion, on ajoute un peu de lait d'argile (1 à 2 $^{o}/_{oo}$ d'argile), il se forme instantanément un volumineux précipité et le liquide se clarifie.

L'on sait que la chaux et divers sels possèdent la propriété de coaguler l'argile en suspension dans l'eau ; les acides sulfurique et chlorhydrique la coagulent aussi ; cependant, dans ces deux derniers cas, la précipitation est loin d'avoir la netteté et l'instantanéité qu'elle atteint, lorsque le liquide acide renferme un corps gras en émulsion.

---

(1) Bulletin de la Société Industrielle du Nord de la France 1889, d'après un pli cacheté de 1882.

Ces quelques expériences peuvent expliquer les réactions qui se passent dans les eaux-vannes acides des peignages, quand on les traite par l'argile ; nous allons décrire succinctement les quelques faits pratiques qui en découlent.

L'eau-vanne acide perdue sortant du peignage est d'un blanc jaunâtre. conservant un aspect laiteux malgré plusieurs jours de stagnation ; c'est une émulsion de suintine renfermant par mètre cube 0,k.500 à 0,k.800 de corps gras qui ont échappé à la précipitation de l'eau de savon par l'acide chlorhydrique.

Si l'on prend 1 litre de cette eau et qu'on la précipite avec 1 gr. d'argile bleue (terre glaise naturelle renfermant 15 à 20 $^0/_0$ d'eau), d'innombrables flocons se rassemblent au fond du vase, tandis que le liquide devient cristallin, d'un jaune doré. Le précipité qui s'est formé a non seulement entraîné les corps gras en suspension, mais encore il s'est incorporé une notable proportion des matières azotées de l'eau : il a probablement en cela joué un rôle analogue à celui de la chaux, des phosphates acides, des oxydes hydratés de fer et d'alumine.

Le magma séché à 100" pèse 1 gr. 5 à 1 gr. 7 ; il renferme 30 $^0/_0$ de corps gras extractibles par le sulfure de carbone.

Voici le résultat de quelques essais faits sur des eaux-vannes prises à diverses époques :

	Quantité d'eau traitée.	Quantité d'argile employée.	Poids du magma sec.	Poids du magma par litre d'eau.	Quantité $^0/_0$ de graisse.	Quantité de graisse par mètre cube d'eau.
	litres.	grammes				
I.	4	4	5 g·775	1.436	30 $^0/_0$	0.446
II	100	100	170 »	1.700		
III.	100	100	160 »	1.600	27.7 $^0/_0$	0.465
IV.	100	100	175 »	1.750		
V.	12	12	18 »	1.500	30 $^0/_0$	0 450

Ces essais prouvent suffisamment que cette méthode est susceptible de fournir des résultats très réguliers, aussi, croyons-nous qu'il serait possible de l'appliquer industriellement avec facilité.

La graisse extraite du magma par le sulfure de carbone est très blonde : elle fond vers 34 à 35° : et possède l'aspect d'une suintine de bonne qualité ; si son extraction était trop onéreuse, on pourrait employer le magma pour la fabrication du gaz d'éclairage.

Nous fûmes assez surpris de trouver que le tourteau après extraction de la graisse, renfermait encore 1.49 % d'azote : voici quelle était sa composition centésimale :

Eau...........	4,40 %
Matières organiques	28, » »
Cendres...............	67,60 »
Total	100,00 %

Ainsi que nous l'avons dit plus haut, le précipité argilo-graisseux a donc enlevé à l'eau une notable proportion de matières organiques azotées.

Au point de vue de l'épuration de l'eau-vanne, l'argile a joué un rôle très remarquable ; elle a extrait d'un litre d'eau 0 gr. 7874 de matières organiques se dédoublant comme suit :

Matières grasses........................	0.4570
Matières organiques diverses et azotées	0,3304
Total.	0.7874

Ces matières envoyées à l'égout, entrent rapidement en décomposition, ce qui leur a valu le nom de *matières putrescibles*.

Si l'on se représente que l'argile ne coûte dans ce pays que 2 fr. la tonne, on voit d'emblée l'importance que ce corps pourra acquérir dans l'épuration de nos eaux industrielles. — Avec 1 k° d'argile, coûtant 2/10ᵉˢ de centime, on peut enlever à l'eau, dans le cas particulier, 0 k. 787 de matières putrescibles : il serait difficile de trouver un corps produisant autant d'effet utile pour un prix si minime.

Nous citerons plus loin une série d'expériences comparatives où figure l'emploi de chaux et d'argile sur l'eau-vanne acide d'un peignage de laines.

CHAPITRE VII.

CONSIDÉRATIONS GÉNÉRALES. — ACTION COMPARATIVE DES DIVERS RÉACTIFS. — BOUES D'ÉPURATION.

Pour que nos lecteurs puissent bien se rendre compte de l'action des divers réactifs sur les eaux-vannes, nous citerons quelques exemples.

D'une manière générale, l'eau-vanne épurée renfermera encore :

1° Des sels alcalins et ammoniacaux ;

2° Une notable proportion des matières organiques primitivement en dissolution.

Le précipité n'aura, par conséquent, entraîné que les matières minérales et organiques en suspension et une faible proportion des matières minérales et organiques solubles.

Voici les expériences faites dans diverses villes.

Bruxelles (1).

Réactifs : phosphate de chaux acide et adjonction subséquente de lait de chaux.

---

(1) Station agricole de Gembloux. N° 11, 1875

Composition par litre.

	EN SUSPENSION			EN DISSOLUTION.		
	Matières organiques.	Matières minéralés.	TOTAL.	Matières organiques.	Matières minérales.	TOTAL.
Sewage naturel.......	0,2623	0,2565	0,5188	0,4932	0,4840	0,9232
Sewage épuré......	0,0152	0,0421	0,0573	0,1748	0,5944	0,7692

Bradford (1).

Procédé Holden. — Réactifs : chaux, cendres, sulfate de fer.

Grains par gallons.

	EN SUSPENSION.			EN DISSOLUTION.		
	Matières organiques.	Matières minérales.	TOTAL.	Matières organiques.	Matières minérales.	TOTAL.
Sewage naturel	38,8	18,2	57,0	6,4	49,4	55,8
Sewage épuré........	»	»	»	15,5	96,4	111,8

Leeds (2).

Réactifs : chaux seule.

---

(1) Angus Holden. The sewage of the borough of Bradford in 1860.

2) Procès-verbaux, etc.

Composition par litre.

	Matières en dissolution.	Matières en suspension.	TOTAL.	Matières organiques tant en suspension qu'en dissolution.
Sewage naturel......	0,603	0.348	1.041	0.339
Sewage épuré.	0.497	0.045	0.542	0.080

Roubaix (1).

Réactifs : sels de fer et chaux.

Composition par litre.

	Matières organiques solubles et insolubles.	Matières minérales solubles et insolubles.	Résidu total.
Eau brute........	2.538	3.170	5.708
Eau épurée	0.040	2.710	3,650

Reims (2).

Réactifs : chaux, houille pulvérisée, sulfate de fer.

---

(1) J. de Mollins. Note de 1881 à la Société Industrielle du Nord.
(2) Mémoire Houzeau et Devédeix.

Composition par litre.

		MATIÈRES EN SUSPENSION ET EN DISSOLUTION.		TOTAL.
		Organiques.	Minérales.	
1re SÉRIE...	Eau vanne........	1.130	0.955	2.085
	Eau épurée	0.260	1.230	1.490
2e SÉRIE....	Eau vanne........	0.510	1.540	8.050
	Eau épurée	0.296	0.904	1.200

Avant de passer à des essais comparatifs où l'on fait entrer en jeu plusieurs réactifs sur une même eau impure, que l'on nous permette encore quelques réflexions.

Nous avons déjà dit au commencement de ce travail que le prix des réactifs devait nous limiter quant aux quantités à employer. Les essais comparatifs n'auront en conséquence de valeur industrielle qu'aussi longtemps que le coût du procédé appliqué restera dans des limites extrêmement basses.

Dans tous les ouvrages spéciaux traitant de l'épuration des eaux-vannes nous avons relevé des chiffres tels que 0 k. 500 à 1 k° de chaux par mètre cube d'eau à épurer. 0 k. 050 à 0 k. 100 de sulfate de fer ou d'alumine. 1 à 2 k. d'argile. etc.

Il est bien évident qu'en forçant les doses des réactifs l'on arriverait à un degré d'épuration plus parfait : si l'on voulait par exemple employer par mètre cube 3 à 4 k. de chaux. 5 à 10 k. d'argile ou de phosphates acides. 2 à 3 k. de sels de fer ou de magnésie, la quantité des matières organiques solubles serait fortement diminuée. Ce serait intéressant au point de vue théorique mais cela ne présenterait aucune valeur pratique.

Ceci étant admis, nous allons chercher à démontrer que les réactifs usuels employés à l'épuration des eaux-vannes *ont tous sensiblement le même pouvoir épurateur immédiat*. Nous employons à dessein ce dernier met : nous verrons plus loin que l'eau épurée peut subir avec le temps des modifications très sensibles variant suivant la nature des réactifs employés à sa purification.

Nous citerons d'abord les résultats que nous avons obtenus en traitant les eaux-vannes d'un peignage de laines ; nous reproduirons ensuite quelques chiffres extraits de rapports d'Ingénieurs parisiens.

Eaux-vannes d'un peignage de laines.

Les liquides avaient, au sortir des lavoirs, subi un traitement préalable par l'acide chlorhydrique dans le but d'en extraire les corps gras : ils renfermaient un excès d'acide chlorhydrique libre.

Composition par litre.

Le résidu, desséché à 120° renferme :

Sels fixes à la calcination.......	2,540
Matières organiques diverses et sels ammoniacaux.	1,580
Total..	4,120

Le résidu salin est constitué en majeure partie par du chlorure de potassium ; viennent ensuite, la silice, l'alumine, la chaux, la magnésie, l'oxyde de fer, l'acide phosphorique et l'acide sulfurique. Quant à l'acide chlorhydrique libre il se trouvait dans le liquide à raison de 0 k. 730 par mètre cube.

Une autre prise d'essai nous a donné la composition suivante :

Corps gras en suspension sous forme d'émulsion.	0,880
Matières organiques azotées........	1,445
Résidu salin de la calcination soluble	1,976
id. id. insoluble	0,384
Résidu total desséché à 120° =	4,685

Procédé d'épuration A.

La première idée qui nous vint fut d'utiliser l'acide chlorhydrique libre de l'eau-vanne pour charger celle-ci de sels de fer. Dans ce but, nous fîmes remplir cinq tonneaux de 230 litres chacun avec des fragments de vieille tôle ; nous les plaçâmes en gradins et l'eau dût circuler à travers toute la couche de ferrailles. Nous remarquâmes alors un dégagement d'acide sulfhydrique prononcé provenant sans doute de la décomposition des sulfates par l'hydrogène naissant.

Après quelques heures de séjour dans les tonneaux à ferrailles l'eau s'était chargée de 0 k. 500 à 0 k. 700 de fer par mètre cube correspondant à 1 k. ou 1 k. 500 de chlorure ferreux. Le liquide, conduit dans une cuve de bois de 10 hectolitres de capacité, était alors précipité par 1 k. de chaux en lait ; l'on voyait apparaître instantanément un très volumineux précipité floconneux verdâtre qui occupait après quelques heures de repos le tiers du volume de la cuve : l'eau devenue cristalline, presque incolore, n'avait plus qu'une légère odeur de suint et un faible goût salin ; abandonnée dans un étang pendant quelques jours, elle se peupla rapidement de nèpes et de ditiques : ces derniers paraissaient particulièrement friands du résidu floconneux verdâtre qui tapissait le fond et les bords du bassin.

Après plusieurs semaines d'essais le fer n'était que peu encrassé, l'attaque se faisait encore régulièrement (1).

Analyse de l'eau épurée : composition par litre :

Résidu salin fixe..........................	3,2162
Sels ammoniacaux (Az H_4 Cl)	0,1820
Matières organiques diverses solubles	0,5388
Résidu total................... ...	3,9370

---

(1) Nous ferons ressortir ici le bon marché de ce procédé ; le fer à l'état de ferrailles coûtait alors 0 f. 05 le k⁰ tandis qu'à l'état de sulfate de fer il coûte 0 f. 25, le vitriol vert étant compté à raison de 5 f. les cents kilos.

Procédé B.

On emploie successivement un lait d'argile bleue et de la chaux.

Après l'adjonction de 1 gr. d'argile par litre d'eau-vanne on laisse reposer vingt-quatre heures, puis on neutralise le liquide décanté au moyen de 1 gr. de chaux.

Voici l'analyse de l'eau épurée :

Résidu salin fixe	3.3400
Sels ammoniacaux (Az H_4 Cl)	0,1820
Matières organiques diverses solubles	0,5655
Résidu total	4,0875

Procédé C.

L'eau-vanne est précipitée par la chaux seule à raison de 1 gr. par litre.

Analyse : eau cristalline comme dans les deux essais précédents mais plus ambrée qu'A et que B :

Résidu salin fixe	3,4912
Sels ammoniacaux (Az H_4 Cl)	0,1820
Matières organiques diverses solubles	0,6252
Résidu total	4,2985

Procédé D.

Ce procédé a de l'analogie avec l'essai B en ce sens que l'on emploie également comme réactif 1 gr. de chaux et 1 gr. d'argile, mais au lieu de décanter le liquide entre les deux précipitations, on emploie les deux corps sous forme de lait en mélange. Dans ces conditions, l'agglomération des particules d'argile se fait dans un milieu alcalin, au lieu de se faire dans un milieu acide.

Analyse de l'eau épurée.

Cristalline, moins ambrée que la précédente.

Résidu salin fixe	3,1625
Sels ammoniacaux $(A_2\ H_4\ Cl)$	0,1820
Matières organiques diverses solubles	0,4930
Résidu total....................	3,8375

En examinant ces quatre analyses, nous voyons, dès l'abord, une très grande analogie entre elles.

La précipitation laisse intacts les sels alcalins solubles (une analyse nous a donné résidu total 3,1162 composé de chlorure de calcium 1,1100 et chlorure de potassium 2,0062).

Les sels ammoniacaux que nous avons dosés sur la moyenne des quatre essais restent en totalité en dissolution.

Quant aux matières organiques solubles elles peuvent un peu varier suivant les procédés mais cependant *dans de très faibles proportions relatives*.

Arrêtons-nous un instant à ces dernières.

Le procédé A donne par litre 0,$^{gr.}$5388 de mat. org. solubles.
      B » » » 0, 5655
      C » » » 0, 6253
      D » » » 0, 4930

Ces quantités différaient trop peu les unes des autres pour qu'il nous fut, à première vue, possible de dire quel était le meilleur procédé d'épuration. Pour continuer l'examen des quatre sortes d'eaux épurées nous les avons alors abandonnées pendant dix mois en flacons bouchés dans l'obscurité et dans un endroit tempéré ; après ce laps de temps, nous observâmes les différences suivantes :

A (chlorure de fer et chaux) avait légèrement incrusté le flacon de carbonate de chaux, était restée limpide et *absolument inodore*.

B (argile en solut acide et chaux) même aspect, odeur terreuse, faible résidu organique.

C (chaux seule) eau trouble, épaisse, résidu vaseux, brunâtre, pellicules visqueuses à la surface, forts dégagements d'acide sulfhydrique.

D (chaux et argile ensemble) même aspect et mêmes réactions que C mais moins accentuées.

Il n'y avait pas à en douter; de toutes les eaux, la plus putrescible, était celle épurée par la chaux seule ; venaient ensuite celles traitées par la chaux et l'argile en mélange, et par l'argile et la chaux (la première substance ayant été ajoutée dans le liquide acide). Enfin, l'épuration produite par le chlorure de fer et la chaux avait donné le meilleur résultat ; le liquide avait pu rentrer dans les phases de l'épuration naturelle sans engendrer de produits de putréfaction.

Les quantités relatives des matières organiques des essais A (chlorure de fer et chaux) et C (chaux seule) ne suffisent pas à expliquer la non putrescibilité de l'eau épurée par le procédé A ; nous attribuons cette dernière qualité du liquide à la présence d'une très petite quantité de fer, le liquide décanté à l'origine pouvant avoir retenu quelques flocons ferrugineux.

Eaux d'égout de Paris.

1re Série. — Réactifs, mélange de phosphate acide de chaux, de perchlorure de fer, de dolomie calcinée et de chaux. Moyenne de sept expériences. Les matières précipitées contenaient 35 % de l'azote total du liquide. — Donc :

1re Série	35 %
2e Série. — (1) Phosphate, acide de chaux, chlorure de magnésium, perchlorure de fer, chaux.	
Azote enlevé du liquide....	35,2
(2) Perchlorure de fer et chaux	34,4
3e Série. — (1) Perchlorure de fer et chaux, mauvaise clarification................	29,2
(2) Sulfate d'alumine ferrugineux et chaux....	31,2

Quant à l'action de la chaux seule, l'auteur du travail nous dit simplement en parlant de la première série. « Il nous a paru que *ce procédé qui ne précipitait pas notablement plus d'azote que la chaux* serait trop coûteux » (c'est nous qui soulignons).

Ces exemples se passent de commentaires détaillés, nous y retrouvons et ceci à propos d'eaux en majeure partie ménagères, la confirmation de ce que nous venons de décrire à propos d'eaux uniquement industrielles.

Nous répéterons donc ce que nous avons dit en commençant, c'est que les réactifs usuels ont tous sensiblement le même pouvoir épurateur ; aucun ne nous permet d'arriver à une épuration complète ou autrement dit : *l'Épuration chimique n'est qu'un demi remède.*

Action de l'eau épurée sur les rivières.

Nous avons déjà conseillé de ne pas déverser à la rivière une eau épurée contenant un excès de chaux libre ; nous avons indiqué un moyen simple de neutraliser une eau calcaire. Il faudra faire des essais pour chaque cas particulier et ne pas s'en remettre aux phénomènes qui se passeront quand l'eau épurée séjournera en flacons bouchés.

On fera bien de mélanger les eaux épurées à titre de renseignement dans des cuves ouvertes garnies de terre (1) et cela avec des proportions variables d'eau de rivière.

Boues d'épuration.

Les boues d'épuration varient extrêmement quant à leur composition : elles renferment généralement : du sable, de l'argile, des oxydes de fer ou d'autres métaux, du carbonate de chaux, des phosphates, des matières organiques azotées, quelquefois des savons calcaires ; si les eaux sont très riches en potasse, comme c'est le cas

---

(1) Afin de se mettre dans des conditions d'expérimentation semblables à celles qui se rencontreront dans la nature.

dans les centres lainiers de Roubaix et de Tourcoing, l'on retrouvera également dans la boue de petites quantités de cette base.

Voici quelques exemples :

ROUBAIX (1).

Résidu grisâtre, friable, inodore, renferme quelques fibres laineuses.

Eau....................	18 %
Cendres.......	53 »
Matières organiques.....	29 »
	100 »

Azote des matières organiques............. ... 0,70 %

REIMS (2).

Résidu desséché à l'absolu.

Matières minérales.............	65,2 %
id. organiques........ ..	34,8 »
	100, »
Acide phosphorique............	0,150 %
Azote	0,520 »
Potasse et soude..............	0,208 »

Pour être bien désinfectées. les boues d'épuration doivent être inodores ; abandonnées sous une couche d'eau elles ne doivent pas rentrer promptement en putréfaction ; répandues sur un terrain drainé ou poreux elles s'y fendilleront au bout de peu de temps (un jour ou deux) et se dessècheront à l'air sans donner naissances à des effluves miasmatiques.

L'on n'obtient ces résultats que par une adjonction suffisante de chaux et quelquefois de sels de fer lors de la précipitation de l'eau-vanne.

---

(1) J. de Mollins.
(2) Houzeau et Devédeix.

A l'origine des essais d'épuration chimique, divers spéculateurs fondèrent des espérances sur l'emploi agricole des boues d'épuration ; de nombreux essais furent faits.

Presque partout, l'on observa que la végétation devenait luxuriante sur les boues transformées en terreau sous l'action des agents atmosphériques.

Nous avons eu l'occasion de constater, lors de nos essais de Croix. l'extrême fertilité de terrains artificiels ; après un an de séjour à l'air, les boues d'épuration d'un peignage de laines et d'une mégisserie s'étaient transformées en un terreau noir et léger sur lequel on pouvait voir l'herbe la plus vigoureuse, dépassant en force et en verdeur celle des plus riches pâturages.

Malgré ces excellentes qualités agricoles, les boues d'épuration n'ont généralement pu se faire jour comme engrais commerciaux ; leur teneur en principes fertilisants est trop faible pour en permettre le transport à grande distance. On les répand généralement sur les terres dans le voisinage immédiat des établissements d'épuration ; parfois, le cultivateur prendra le transport à sa charge, d'autres fois, par contre, l'on sera contraint de conduire ces matières jusque dans ses sillons.

Les villes qui épurent aujourd'hui leur sewage par les procédés chimiques. considèrent généralement l'élimination des boues comme une charge et ont renoncé aux bénéfices « c'est ainsi qu'en Angleterre à Leeds, la Native Guano Company limited (1) fonctionna » jusqu'en 1873 et expérimenta divers procédés reposant tous sur » l'emploi de la chaux. additionnée soit d'alun, de charbon ou de » fer ; elle fut obligée de demander la résiliation de son contrat, les » recettes de la vente d'engrais ne suffisant pas à couvrir les dépen- » ses de la fabrication. »

Nous devons donc considérer les résidus provenant de l'épuration

---

(1) Procès-verbaux.

des eaux d'égouts non plus comme un engrais, mais comme un amendement ; leur teneur en chaux les recommandera pour des sols argileux : ils pourront aussi être utiles sur des terrains sablonneux, surtout si l'argile a servi à la précipitation : mélangés en grande quantité à la terre ordinaire ils donneront un excellent terreau pour la culture maraîchère.

Si l'on emploie le sulfate de fer à la précipitation des eaux d'égouts, on retrouvera l'oxyde de ce métal dans les boues ; sans avoir essayé ces produits ferrugineux sur de grandes cultures, nous croyons néanmoins qu'ils ne seront pas nuisibles ; l'on sait en effet que beaucoup d'agriculteurs répandent actuellement du sulfate de fer pulvérisé sur leurs terres ; ils combattent ainsi l'anémie des plantes.

Nous avons exposé en 1880 à la Société Industrielle du Nord de la France, du gazon anglais de toute beauté venu dans un petit carré de terre artificielle composée *uniquement* de boue d'épuration d'une eau-vanne traitée par la chaux et le chlorure ferreux. Cette terre ferrugineuse était couleur de rouille et ressemblait plutôt à un minerai de fer qu'à un sol cultivable.

CHAPITRE VIII

ACTION DES EAUX VANNES LES UNES SUR LES AUTRES. — DE LA NÉCESSITÉ DE CRÉER DES COLLECTEURS GÉNÉRAUX DANS LES CENTRES INDUSTRIELS.

Nous venons de voir l'action de quelques réactifs sur les eaux-vannes : nous allons citer quelques exemples d'actions réciproques des eaux industrielles les unes sur les autres ; nous allons chercher à démontrer que généralement les eaux des diverses industries tendent à se précipiter mutuellement et qu'il est plus aisé d'épurer ce mélange que de s'attaquer à chaque composant en particulier.

Lors de nos essais sur les bords de l'Espierre à Roubaix nous fûmes frappé de ne pas retrouver de chlorure de calcium libre dans les eaux de ce ruisseau, alors qu'une des grandes usines du pays y déversait par jour des quantités considérables d'une eau renfermant des proportions notables de ce sel. Depuis lors, nous avons constaté la confirmation de notre expérience dans les analyses de la Commission nommée par le Préfet, etc. (1).

---

(1) Rapport de la Sous-Commission. p. 64.

Eau de l'Espierre (écluse du Sartel).

Moyenne de sept jours, du 7 au 14 juillet 1881, par litre :

Graisse.............................	1,08
Matières organiques insolubles dans l'acide	0,47
Matière organique soluble colorant l'eau en rouge.	0,67
Sulfate de soude .... •	0,25
Chlorure de sodium	0.19
Carbonate de soude.......	0,24
id. de potasse	0,18
id. de chaux.............	0,70
Sable fin, alumine, oxyde de fer, etc...	0,66
Résidu sec...	**4,44**

L'absence du chlorure de calcium était facile à expliquer ; ce sel s'était évidemment transformé sous l'action des eaux savonneuses et carbonatées alcalines de l'égout en donnant des chlorures de sodium et de potassium, du savon calcaire insoluble et du carbonate de chaux.

Nous verrons plus tard comment la présence du chlorure de calcium était devenue un obstacle sérieux à l'épuration du sewage en question par le sol cultivé : nous voyons ici que le remède à cette situation s'est présenté tout naturellement par le fait du mélange de l'eau impure avec une eau de nature différente

Voici un autre exemple :

Nous avions fait de nombreux essais pour purifier le sewage d'une mégisserie : traité seul il pouvait être épuré, mais par l'emploi de réactifs coûteux : si par contre, on mélangeait cette eau avec le sewage d'un peignage dans la proportion de 1 à 10, elle disparaissait dans un fort volume et l'épuration des liquides se faisait en bloc sans occasionner plus de frais.

L'on peut voir au commencement de ce travail à l'article « Eaux Industrielles » quelles espèces de mordants, sels de fer, d'étain, de cuivre, d'alumine se consomment journellement dans les teintureries de Roubaix et de Tourcoing : nous n'avons jamais retrouvé ces sels tels quels dans les eaux d'égouts prises à la sortie de Roubaix ; ils avaient été décomposés en oxydes métalliques et en laques par les sels alcalins ou les matières organiques des eaux-vannes. Nous avons souvent remarqué que l'eau prise à l'Espierre se clarifiait par moments spontanément comme si elle avait reçu sur son parcours à travers la ville des réactifs précipitants : c'était là sans nul doute, l'action momentanée de la vidange des cuves de quelque teinturerie.

Il est évident qu'il est plus rationnel de s'attaquer à l'épuration d'une eau-vanne comme celle de l'Espierre, qui renferme 4 à 5 gr. de résidu total, que de vouloir épurer isolément les eaux qui alimentent cet égout ; il existe en effet des eaux grasses, celles des peignages par exemple, qui exigent des réactifs très coûteux pour leur enlever les 20 gr. ou plus qu'elles renferment par litre, déversées à l'égout elles s'y dilueront et y rencontreront des corps qui en opéreront la précipitation.

Nous dirons donc : « *Tout à l'égout*, » *le plus possible à l'égout* et nous appliquerons le dicton : « Les loups se mangent entre eux, » nous n'aurons en fin de compte qu'à nous attaquer au dernier survivant ; c'est-à-dire au produit final, généralement simple, de toutes les réactions multiples des eaux-vannes les unes sur les autres.

Comme conclusion pratique nous croyons qu'il n'est pas désirable que l'Administration exige de chaque industriel une épuration de ses eaux-vannes : partout où le groupement des usines le permettra il faudra créer des égouts collecteurs généraux. En ville la chose se fait d'elle-même, dans les campagnes elle serait faisable dans bien des cas ; plus les eaux-vannes différeront de nature, plus elles tendront à se précipiter mutuellement, et en dernier lieu, une simple précipitation de l'eau du collecteur, donnera un liquide suffisamment désinfecté pour le déversement à la rivière.

.

CHAPITRE IX

INSTALLATIONS D'ÉTABLISSEMENTS D'ÉPURATION CHIMIQUE.

Il existe pour l'épuration chimique des eaux-vannes deux types principaux d'installations suivant l'importance du volume d'eaux à traiter.

De faibles quantités de liquides pourront être traitées dans des décanteurs mécaniques ou appareils à chicanes. Le liquide après adjonction du réactif circulera dans des boîtes de tôle ou dans des cylindres entre une série de plaques sur lesquelles s'accumulera la boue. Il n'est pas parvenu à notre connaissance que de pareils décanteurs aient été admis pour l'épuration de plusieurs milliers de mètres cubes d'eaux par jour. Ces appareils demandent à être conduits et surveillés avec soin, ce qui peut exiger des frais peu en rapport avec le traitement de liquides sans valeur. Nous croyons que les appareils décanteurs mécaniques sont à leur place réelle dans les épurations d'eaux simplement calcaires ou sulfatées pour les lavages ou l'alimentation des chaudières ; ces dernières opérations permettent en effet l'emploi d'un procédé dont le coût peut se monter de 5 à 10 centimes par mètre cube, tandis que l'épuration des eaux-vannes doit se tenir dans les limites de un à deux centimes (1).

---

(1) Tout le monde a entendu parler des appareils Bérenger et Stingl, Gaillet et Huet. Comme source de renseignements détaillés sur ce sujet nous citerons le livre du Dr J. König : Die verunreinigung der Gewässer. Berlin, J. Springer. 1887.

L'épuration de fortes quantités de sewage exige une installation assez simple. Des malaxeurs à lait de chaux, des bassins de décantation, des pompes à boues, des filtres-presses ou des champs d'essorage pour dessécher les résidus, tels sont les éléments principaux nécessaires à ce travail.

Chaque cas particulier exigera une étude spéciale du terrain dont on devra utiliser les moindres avantages.

Si l'on est dans un pays absolument plat l'emploi de pompes sera inévitable ; si le terrain est accidenté les eaux amenées par simple gravitation dans les bassins pourront parfois s'écouler de même, et les boues suivront la pente naturelle du sol pour aller s'essorer sur les champs établis à cet effet.

L'on voit d'emblée quelle importance il y aura à profiter des moindres circonstances locales.

Appareils Gaillet et Huet modifiés pour les grands volumes d'eaux.

Il s'agissait ici d'épurer des eaux sortant de lavages de laines (1).

« En sortant des bacs de lavage les eaux se rendent dans une
» citerne étroite et profonde où elles déposent la plus grande partie
» de leurs matières terreuses. Le résidu de cette décantation paraît
» devoir constituer un excellent engrais pour l'agriculture à cause
» des déchets de laines et des matières ammoniacales dont il est
» chargé. »

» Les eaux sont ensuite mélangées soit d'acide chlorhydrique,
» soit de perchlorure de fer acide ; il se forme de cette manière un
» magma qui contient presque toute la graisse et une certaine pro-
» portion des matières organiques. La séparation du magma a lieu
» dans un grand bassin en maçonnerie, duquel sortent les eaux

(1) Rapport de la Sous-Commission, 1881. p. 23.

» pour se rendre dans une cuve où on les additionne de lait de
» chaux. Elles vont de là dans un deuxième bassin, dans lequel
» elles déposent le précipité produit par l'action de la chaux. Mais
» comme ce dépôt se fait assez difficilement, on aide à la séparation
» du précipité (1) en refoulant le liquide du deuxième bassin, au
» moyen d'une pompe centrifuge, dans deux décanteurs du système
» Bérenger. L'eau sortant du second décanteur est claire et présente
» une couleur légèrement ambrée ; attribuable au suint qu'elle ren-
» ferme..... Quant aux résidus fournis par les décanteurs, ils
» vont à un troisième bassin en maçonnerie, dont le trop plein
» s'écoule dans le second..... On obtient, en définitive, comme
» produit de l'épuration : 1° Le dépôt de matières terreuses prove-
» nant de la décantation préalable ; 2° Le magma graisseux formé
» dans le premier bassin ; 3° Le précipité obtenu au moyen de la
» chaux. On se propose de traiter le magma pour en retirer les
» graisses ; quant au précipité par la chaux, il ne paraît susceptible
» d'un emploi avantageux en agriculture que dans des cas tout à
» fait spéciaux et à de faibles distances.

» MM. Gaillet et Huet ont modifié le procédé qui vient d'être dé-
» crit, pour l'appliquer dans des peignages de laine de Fourmies...
» Les quantités d'eau à soumettre au traitement étant relativement
» faibles, il est très difficile d'opérer la purification d'une manière
» continue. On emmagasine alors le liquide et on l'épure par por-
» tions.

» Un certain volume de liquide est amené dans un réservoir où
» on l'additionne de perchlorure de fer ou de chlorure de manganèse
» acide et de chaux. Le mélange est produit au moyen d'un arbre
» vertical à ailettes. Ce mélange est refoulé au bout d'un certain
» temps dans un bassin supérieur, d'où il descend à un filtre-presse.
» On obtient de cette manière une eau claire, et comme résidu du

---

(1) Il y avait probablement trop peu de chaux dans le liquide, sans cela la clarification aurait été instantanée et le décanteur inutile. — (J. de M.)

» traitement un tourteau qui renferme toute la graisse. On peut
» employer ce tourteau à produire du gaz d'éclairage, ou même
» s'en servir comme combustible. Sa valeur paraît représenter très
» largement le coût du traitement. »

Leeds.

Nous ne voulons pas faire la description de toutes les installations
d'épuration chimique qui existent, nous nous bornerons à citer la
ville de Leeds, qui, en raison de sa population de 327.000 habitants et de ses belles installations, peut servir de modèle du genre.
Ceux de nos honorables lecteurs qui s'intéressent particulièrement à
la question, trouveront un intéressant compte-rendu de ce qui a été
fait en Angleterre et en Écosse, avec de nombreuses planches, dans
les *Procès-verbaux des Délibérations de la Commission, nommée en 1885, par M. le Préfet du Nord, pour étudier la
question des eaux de l'Espierre. Lille, impimerie L. Danel.*
Page 9, nous lisons ce qui suit :

« Le système d'épuration actuellement adopté par la corporation
» de Leeds, est la précipitation par la chaux dans des bassins à
» écoulement continu.

» L'égout collecteur amène le « sewage » à un niveau trop peu
» élevé pour qu'on ait pu se dispenser d'établir une machine éléva-
» toire. Après avoir traversé les grilles destinées à arrêter les corps
» flottants, l'eau est conduite directement dans une citerne qui
» constitue le puisard d'aspiration des pompes, où elle reçoit le lait
» de chaux.

» La fabrication du réactif dans un moulin à chaux, la précipita-
» tion des boues dans des bassins maçonnés que l'eau traverse suc-
» cessivement et d'une manière continue, la distribution des boues
» retirées des bassins sur les terrains avoisinants où elles se dessè-
» chent, telles sont les diverses opérations dont se compose le trai-
» tement de l'eau d'égout.....

» La chaux est éteinte en poudre, séparée par le crible de ses
» incuits et portée dans trois auges circulaires de $1^m,80$ de dia-
» mètre, où elle est broyée sous des meules avec addition d'une
» légère quantité d'eau, jusqu'à ce qu'elle ait l'apparence d'une
» crème ne contenant aucune particule solide. Au-dessous des
» auges et communiquant avec elles, se trouvent autant de malaxeurs
» où la chaux est mélangée à la quantité d'eau nécessaire pour for-
» mer un lait épais. Le lait de chaux est ensuite emmagasiné dans
» des réservoirs en tôle munis d'agitateurs à ailettes et de robinets
» qui servent à régler l'écoulement du réactif suivant le degré d'in-
» fection de l'eau-vanne. Fabriqué à l'étage supérieur du moulin à
» chaux, le lait est projeté par l'effet de la pression naturelle des
» réservoirs qui le contiennent, dans le puisard des pompes éléva-
» toires, où aboutit l'égout. Le mélange intime de l'eau et du réactif
» est opéré par des pompes centrifuges qui élèvent le tout au niveau
» des bassins de précipitation, c'est-à-dire à une hauteur de $5^m,40$
» au-dessus du niveau du collecteur..... On évalue à environ
» 225 grammes par mètre cube, la proportion de chaux à employer
» pour la purification de l'eau d'égout. Cette proportion est repro-
» duite dans la plupart des documents qui ont été placés sous les
» yeux de la commission..... à Leeds, en 1884, la proportion
» moyenne de chaux employée a été réduite à 114 grammes par
» mètre cube.

» Les pompes centrifuges qui élèvent le sewage et opèrent son
» mélange avec le lait de chaux, sont des pompes Gwynne (N° 14)
» au nombre de trois, chacune d'elles a deux tuyaux d'aspiration
» de $0^m,45$ de diamètre et un tuyau de décharge de $0^m,60$. Des
» expériences ont démontré que ces pompes pouvaient débiter cha-
» cune à leur vitesse normale et avec une élévation de $5^m,40$. 40
» mètres cubes par minute, de sorte qu'une pompe travaillant à plein
» rendement durant 20 heures, suffirait en temps sec pour élever
» la totalité du débit journalier des collecteurs. Les tuyaux de dé-
» charge des trois pompes se réunissent en un seul de $0^m,91$ de

» diamètre qui rejette la totalité des eaux dans les bassins de pré-
» cipitation. Ces bassins sont au nombre de 12 ; ils présentent une
» largeur de 18^m,28 au niveau de la nappe d'eau, une longueur
» qui varie de 27 à 30 mètres, et une profondeur moyenne de
» 1^m,82. La surface de l'eau est de 6.600 mètres carrés ; la conte-
» nance des bassins est de 1.100 mètres cubes. Si l'on admet qu'en
» marche normale la totalité du débit journalier des égouts, évaluée
» à 45.400 mètres cubes, passe dans ces ouvrages, on en conclut
» qu'en moyenne l'eau devrait mettre près de 6 heures à les tra-
» verser..... Le fond des bassins a été établi à une faible profon-
» deur. en contrebas du niveau du terrain naturel ; le radier se
» compose d'une table de béton de 0^m.30 d'épaisseur, sur laquelle
» est étendu un corroi en argile de 0^m,37, que recouvre un revête-
» ment en carreaux de Bradford.

» Le radier présente dans chaque bassin une pente longitudinale
» dirigée en sens contraire de la pente et du mouvement de l'eau en
» vue de faciliter l'écoulement des boues semi-liquides lors de la
» vidange.

» Les divers bassins sont séparés les uns des autres par des murs
» de maçonneries de briques formant déversoirs : une différence de
» niveau de 0^m,05 existe entre les crêtes de deux déversoirs suc-
» cessifs.

» L'enceinte extérieure est une digue en terre. perreyée du côté
» de l'eau, dont l'étanchéité est assurée par un corroi d'argile noyé
» dans son intérieur... Une digue centrale en terre divise les bassins
» en deux séries; elle contient dans son intérieur un égout ainsi que
» deux conduites débouchant dans chaque bassin et destinées à per-
» mettre leur vidange et leur nettoyage. Le couronnement de cette
» digue est placé au-dessous du niveau de l'eau, sauf dans l'axe de
» cet ouvrage où une banquette insubmersible sert de chemin de
» service. Les deux crêtes supérieures de la digue centrale, ainsi
» que les déversoirs transversaux, sont munis de hausses mobiles
» en bois permettant de clore les bassins. Cette disposition permet

» d'isoler un bassin quelconque sans interrompre l'écoulement con-
» tinu des eaux à travers tous les autres.

» Les quatre premiers bassins de précipitation sont vidés et net-
» toyés consécutivement tous les quatre jours, les six autres ne sont
» vidés que quatre à cinq fois par an. L'épaisseur de la couche de
» boue accumulée dans les premiers bassins au moment du net-
» toyage varie de $0^m,40$ à $0^m,50$, dans les derniers elle ne dépasse
» jamais quelques centimètres.

» Quelque grande que soit la surface de la nappe d'eau dans les
» bassins de précipitation, elle n'a pas paru encore suffisante et
» l'on a été conduit, dans ces dernières années, à établir un vaste
» réservoir supplémentaire formé de digues en terre, sans revête-
» ment de talus ni radier et couvrant une superficie de deux hec-
» tares.

» Lorsqu'on veut retirer d'un bassin maçonné les dépôts qui s'y
» sont formés, on l'isole au moyen de hausses mobiles en bois dont
» il a été fait mention. Une conduite en fonte de $0^m,45$ de diamètre
» placée dans l'égout de la digue centrale et communiquant par des
» branchements avec chacun des bassins, permet de décanter l'eau.
» Il suffit d'ouvrir des vannes de fond pour que les boues s'écoulent
» par cet égout dans un puits où elles sont reprises et élevées à une
» hauteur suffisante ($4^m,90$) pour pouvoir être distribuées sur les
» terrains de l'usine affectés au dépôt de ces matières. Elles con-
» tiennent alors 80 à 90 % d'eau.

» Lorsque les boues ont acquis assez de consistance pour pou-
» voir être transportées, elles sont abandonnées gratuitement aux
» cultivateurs et employées comme engrais..... Leur valeur agri-
» cole paraît tout juste suffisante pour rémunérer le transport de
» l'usine au lieu d'emploi, puisqu'il n'a pas été possible de retirer
» un revenu de ces produits.

» En voici une analyse :

» Eau 46,94
» Matières organiques et sels ammoniacaux................ 14,80
» Matières siliceuses 6,48
» Sulfate de chaux 1,12
» Carbonate de chaux et sels alcalins................... 30,66

                                        Total .... 100, »

» La quantité de boue provenant des réservoirs est évaluée par
» jour en moyenne après dessication, à **25** tonnes, contenant 47 %
» d'eau.

» L'eau d'égout, au sortir des bassins de précipitation, ou, pour
» nous servir de l'expression anglaise, « l'effluent » est limpide,
» sans odeur ; il a une légère couleur ambrée ou rougeâtre, suivant
» les jours. Sa saveur est celle de la chaux qu'il retient en partie.
» En voici l'analyse :

	Sewage.	Effluents.
» Matières en dissolution	0 k. 693	0 k. 497
» Matières en suspension.....	0 k. 348	0 k. 035
» Total par mètre cube.................	1 k. 041	0 k. 532
» Matières organiques tant en solution qu'en suspension..................	0 k. 339	0 k. 080

» Les chiffres qui précèdent indiquent que les matières en sus-
» pension sont précipitées presque complètement, tandis que les
» matières dissoutes échappent en grande partie à l'action du
» réactif. La quantité de matières organiques retenues par l'effluent
» est relativement faible, la réduction produite par le traitement
» chimique, sur le poids de ces matières particulièrement dange-
» reuses au point de vue de la salubrité, est de 76 %.

» Quant aux dépenses faites par la ville de Leeds, pour la purifi-
» cation du sewage, elles peuvent se résumer comme suit :

» Terrains (près de 11 hectares).....................	129.900 fr.
» Usine d'essai..................	269.484 »
» Usine actuelle machines, générateurs, pompes.....	210,417 »
» Bassins de précipitation. Bâtiments.	622,154 »
» Cylindre sécheurs (abandonnés)...................	110,195 »
» Maisons ouvrières. bureaux, magasins. pavage alimentation des générateurs....................	95,850 »
	1,438,000 »

» Ce chiffre est très élevé, mais on doit remarquer que si l'on
» défalque de ce total le coût de l'établissement de l'usine d'essai,
» des cylindres sécheurs et du bâtiment où ils sont placés, si l'on
» suppose réduite la surface des terrains acquise en prévision
» d'agrandissements futurs, la dépense de premier établissement
» des ouvrages réellement utilisés ne dépassera pas un million de
» francs, soit par 1.000 mètres cubes de débit journalier 22,000
» francs.

» La dépense annuelle. telle qu'elle résulte des comptes de
» l'année expirant le 31 août 1884, abstraction faite du service des
» emprunts, est analysée ci-dessous :

» Élévation des eaux :

» Salaires..........................	9,140 fr.	
» Charbon.............	8.051 »	
» Entretien des pompes....	3,749 »	
» Dépenses diverses	3,671 »	
» Ensemble.............................		24,611 fr.

» Épuration :

» Salaires........	44,556 »	
» Chaux...............................	29,475 »	
» Charbon	2.325 »	
» Huile et suif.........	646 »	
» Dépenses diverses..............	2.949 »	
» Ensemble		79,951 »
» Contributions et taxes.................		18,938 »
Total.............		123.500 »

» Si le volume d'eau réellement épuré par jour atteint le chiffre » de 45.400 m. cubes, le prix total de l'épuration est de 7 fr. 44 » par 1000 m. cubes. »

Avant de quitter ce sujet, nous dirons deux mots de l'adjonction du réactif aux eaux d'égouts, et notamment de leur dosage.

Il y a trois manières principales d'opérer :

1° Un récipient muni d'un agitateur porte un robinet, au moyen duquel on règle le jet du réactif, qui tombe soit dans le puisard des pompes, soit aussi dans un courant entravé par un jeu de chicanes.

2° Le tuyau d'aspiration de la pompe est muni d'un branchement qui aspire un mince filet de réactif dans une cuve à agitateur; on règle cette aspiration suivant la nature des eaux-vannes; chaque coup de piston incorpore ainsi régulièrement la quantité de liquides nécessaire à l'épuration.

3° Il existe enfin en Allemagne un brevet Müller, dont le principe consiste à faire arriver l'eau-vanne sur une roue à auges; celle-ci actionne à son tour une chaîne à godets qui amène le réactif dans le courant d'eau. — Une fois l'appareil réglé, il y a proportionnalité constante entre l'arrivée de l'eau à épurer et la distribution du lait de chaux.

Boues d'épuration. — Simplifications apportées dans leur manutention.

Les établissements d'épuration qui ont été créés ces dernières années, sont de vrais chefs-d'œuvre de l'art de l'ingénieur : Nous avons cité Leeds : les deux grands centres de Roubaix et de Tourcoing, prenant exemple sur la ville sœur anglaise, viennent d'installer un grand établissement qui ne le cédera en rien à son aîné. — D'après M. J. Koenig (1), la ville de Francfort-sur-le-Mein s'est également

---

(1) Die Verunreinigung der Gewässer. Berlin. 1887

dotée d'une installation des plus luxueuses pour la clarification de 18,000 mètres cubes d'eau par jour.

Nous ce citons que ces villes, parce qu'elles nous présentent les modèles du genre.

On y rencontre de grandes salles de machines, de belles pompes élévatoires pour les eaux-vannes et les boues d'épuration, de grands bassins à ciel ouvert ou même voûtés, et d'immenses champs d'essorage.

Nous nous sommes demandé, en présence de ces fortes dépenses de travail et d'argent, s'il était vraiment indispensable de développer un pareil luxe dans un champ industriel aussi peu rémunérateur.

Nous avons réuni beaucoup d'observations sur la manutention des boues, sur leur écoulement à l'état concentré et sur leur séparation de l'eau et leur sédimentation pendant le repos des liquides.

Si nous n'avons pu éviter l'emploi des pompes élévatoires pour les eaux-vannes, nous avons par contre épuré, à titre d'essai, pendant plusieurs mois consécutifs, un volume quotidien de 100 m. cubes d'eau, en supprimant les bassins de décantation et leur curage, et en opérant la clarification du liquide directement sur les champs à boues où ces dernières devaient plus tard s'essorer ; nous avons nommé ce système celui des *champs décanteurs*.

Voici comment nous avons procédé :

A la partie supérieure d'un grand terrain, nous avons établi un réservoir en terre de 1000 mètres cubes de capacité ; près du robinet de sortie de l'eau étaient situées des cuves pleines de lait de chaux très épais ; un fossé long de 50 mètres et muni de chicanes conduisait directement l'eau aux champs décanteurs ; ces derniers étaient constitués par une série de rectangles longs de 70 mètres, larges de 10 mètres, et séparés les uns des autres par des levées de terre de $0^m,40$. (Voir fig. 2).

L'ouvrier situé en A ouvrait une vanne et jetait régulièrement le lait de chaux dans le fossé F au moyen d'une cuillère ; le mélange intime s'effectuait pendant le parcours de l'eau dans le fossé, et les liquides se clarifiaient rapidement dans leur passage à travers les champs décanteurs C. ; l'eau épurée s'écoulait par E.

Au fur et à mesure qu'un des champs C était encombré de boues, on l'abandonnait jusqu'à ce que l'on puisse y pénétrer pour en faire le curage.

Nous conseillerons à nos collègues qui voudront essayer ce système, de se procurer quelques longueurs de fers en ▬ qui, posés de plat sur le fond vaseux, constitueront une sorte de rails pour les tombereaux.

Le dépôt se faisait très rapidement ; la vitesse du courant était telle qu'il fallait 1 heure 1/2 environ pour épurer 100 mètres cubes ; l'eau sortait entièrement claire, étant admis que la chaux eût été ajoutée en léger excès, ce qui doit du reste toujours être le cas, si l'on veut avoir une bonne clarification.

Le premier champ décanteur étant plein de boue, on l'abandonnait pendant quelques jours, il se produisait alors un tassement qui permettait de le faire servir pendant une nouvelle période, et ainsi de suite.

Ces essais, quoique faits sur une petite échelle, nous ont démontré la possibilité d'appliquer ce système à de plus forts volumes d'eaux en augmentant le nombre et la surface des champs décanteurs. Ajoutons que l'idéal serait de posséder des étendues de terres suffisantes et assez éloignées des sources et des puits pour pouvoir laisser la boue en place jusqu'au moment où la charrue l'incorporerait à la terre cultivable.

Du coût de l'épuration chimique.

L'Angleterre seule nous fournit de nombreux exemples d'application des procédés chimiques sur une grande échelle ; c'est donc encore dans les procès-verbaux de la Commission pour l'épuration de l'Espierre que nous puiserons les meilleurs renseignements sur cette question.

Nous ferons remarquer, dès l'abord, que les chiffres indiqués dans ce rapport nous paraissent un peu faibles ; rien ne nous étonnerait. en effet, étant donné le climat pluvieux de la Grande-Bretagne, que pendant plusieurs mois d'hiver les eaux ne subissent qu'un traitement tout à fait superficiel permettant aux chiffres de réactifs et de main-d'œuvre de tomber au plus bas.

Nous avons mentionné pour Leeds le chiffre de 7 fr. 44 par mille mètres cubes ; à Bradford il serait de 5 fr. 95 pour la même quantité ; à Salford il s'élève à 9 fr. 53 et à Birmingham où l'on applique l'irrigation après épuration chimique, nous voyons cette dépense se monter à 15 fr. 70.

Ces chiffres laissent en dehors les dépenses résultant du service des emprunts : ces derniers ont été, en effet, plus ou moins élevés suivant les tâtonnements préliminaires auxquels les études de la question ont donné lieu.

Filtres.

Des systèmes innombrables de filtres enrichissent les cartons des inventeurs ; mais aucun, à notre connaissance, n'a trouvé grâce devant la dure critique de la pratique expérimentale.

Comme matières filtrantes, nous mentionnerons le charbon de bois, le coke concassé, le noir animal, le gravier, le sable, la tourbe, les briques concassées, les scories de déphosphoration du fer, etc. L'eau est conduite de manière à traverser des lits de ces matières, tantôt par l'effet de la gravitation, tantôt aussi « per ascensum », c'est-à-dire en arrivant dans des réservoirs et remontant à travers la couche filtrante ; ce dernier mode opératoire a pour but de prolonger la durée d'action du filtre en empêchant les matières lourdes d'y arriver. — Nous croyons que les filtres ne sont à leur place que pour l'épuration des eaux potables, aussi n'entrerons-nous pas ici dans des détails circonstanciés à leur sujet (1).

---

(1) Il fonctionne actuellement à Zurich un système de filtres en gravier et sable qui paraît rendre de réels services à la ville pour l'épuration des eaux de boissons.

CHAPITRE X

DE L'ÉPURATION PAR IRRIGATIONS AGRICOLES. — DU FILTRAGE DANS LE SOL

Découragés par les demi-succès de l'épuration chimique, de nombreux chercheurs se sont tournés vers la nature pour lui demander la solution du problème.

Les premiers essais donnèrent des résultats fort encourageants ; l'eau s'épurait admirablement ; sortant des drains absolument cristalline, elle trouvait de nombreux admirateurs, presque des amateurs. A Gennevilliers, un verre placé près de la sortie des drains collecteurs était à la disposition du public et le guide vous invitait à voir et..... à « boire », donnant lui-même l'exemple, ce qui, du reste, n'avait rien de répugnant. — Jamais aucun procédé chimique n'aurait pu donner un liquide semblable : les résultats apparents étaient excellents ; nous verrons plus tard qu'il en fut autrement des résultats réels.

Les essais faits par la ville de Paris à Gennevilliers sont universellement connus et ont donné lieu à d'ardentes polémiques lorsqu'il a été décidé d'en étendre l'application à la forêt de St-Germain ; que deviendront nos puits et nos sources, que deviendra notre atmosphère, s'est-on écrié de toutes parts dans les environs des terrains sacrifiés ainsi au bien public.

Londres a fait de nombreux essais depuis vingt ans, de préférence dans la voie des irrigations ; aujourd'hui, c'est encore la Tamise qui absorbe journellement les 700,000 mètres cubes d'eau d'égouts de cette immense cité.

Dans le reste de l'Angleterre de nombreuses fermes (sewage farms) cherchent encore à appliquer l'eau-vanne à la culture avec profit; si quelques-unes bouclent leurs comptes avec de légers bénéfices, la plupart restent en déficit.

En Allemagne, Berlin n'en est encore qu'aux essais, quoique la question y soit à l'étude depuis de nombreuses années : Dantzig, plus heureuse, irrigue avec succès de grandes plaines de sables désertes, jadis sans aucune valeur et en retire, dit-on, du profit.

Après plusieurs années d'essais faits en Angleterre, M. Frankland en est venu à considérer l'irrigation non comme un moyen d'utiliser tous les résidus perdus, mais comme un mode de clarification des eaux impures en renonçant à en retirer du bénéfice ; il a alors proposé le filtrage dans le sol, en irriguant à très hautes doses et ne comptant les plantes cultivées que comme produits secondaires.

Après avoir étudié de nombreux rapports sur les irrigations et après les avoir fait suivre d'une série d'expériences personnelles, il nous a paru que l'on ne s'était pas encore suffisamment rendu compte des conséquences anti-hygiéniques qui peuvent résulter de l'infection et de la saturation progressives du sol des champs irrigués, notamment de l'infection des sources et des puits.

Nous consacrerons à ce sujet un chapitre spécial. Pour ce qui concerne le Nord de la France et la Belgique, pays dont les eaux-vannes sont généralement de nature industrielle, nous allons chercher à démontrer la thèse suivante :

Dans bien des cas, pour mettre un terme à l'infection de nos rivières on devra épurer les eaux-vannes de deux manières :

1º Par irrigation avec ou sans traitement chimique préalable, pendant l'été (de préférence avec traitement chimique).

2º Par traitement chimique seul pendant l'hiver.

Difficultés d'employer les eaux-vannes brutes
à l'irrigation.

Des eaux qui ne renfermeront que des débris de ménages, des déjections animales et les produits de lavages des rues pourront s'employer directement à des irrigations, étant admis qu'elles ne soient pas trop concentrées. Nous verrons ces cas se présenter en Suisse et en Italie, dans des climats chauds et secs où l'eau de source pure abonde. — Sous notre ciel brumeux de Flandre et dans nos terrains plats, un pareil mode d'épuration ne sera praticable que pour de faibles volumes de liquides répandus sur un terrain relativement très étendu.

Après plus de vingt ans de pratique de l'irrigation, on en est venu presque partout en Angleterre à renoncer à l'emploi de l'eau d'égouts brute ; d'un côté, l'on voyait, en effet, les résidus s'amasser sur le sol et en atténuer la perméabilité ; ailleurs, des amas de matières organiques n'ayant pas subi de désinfection préalable, répandaient dans les airs des odeurs nauséabondes fort incommodantes pour les populations voisines des lieux irrigués.

En 1872, une enquête parlementaire spéciale fut organisée pour arriver à une résolution sur l'épuration des eaux d'égouts de la Grande-Bretagne : « Après quatorze jours de patients travaux, nous « dit M. Devédeix, et après avoir entendu les personnages les plus « autorisés comme chimistes, ingénieurs et agriculteurs, le comité « d'enquête donna son appréciation au bill pour l'acquisition de « terrains, dans le but de filtrer les eaux d'égouts, mais à la condi- « tion suivante :

Aucune eau d'égout ne sera répandue sur aucun terrain sans avoir été préalablement purifiée dans des bassins. — Il est curieux de noter qu'une commission aussi importante, composée des noms les plus marquants de l'Angleterre, ait laissé échapper l'occasion de parler de l'infection des puits et des sources.

même incidemment, et n'ait pensé en cette occasion, qu'à la pureté des rivières.

Nous avons personnellement fait l'expérience de l'irrigation de terrains argilo-sableux avec une eau-vanne très savonneuse. Nos fossés de distribution et d'absorption ont rapidement perdu leur pouvoir absorbant ; un champ sur lequel nous avions voulu faire du colmatage, conserva la couche d'eau sale et odorante à la superficie. pendant un temps très long ; la terre était devenue visqueuse au toucher ; elle ne se dessècha que très lentement, rendant toute culture impossible pendant plusieurs semaines.

A la suite de ces essais, nous avons entrepris une série d'expériences d'irrigations agricoles, mais nous avons eu soin d'effectuer. au préalable. une clarification, même très sommaire. de l'eau par la chaux dans un grand bassin de décantation.

Insuffisance du procédé chimique seul pendant l'été, son efficacité pendant l'hiver.

Nous avons fait de nombreuses expériences, ainsi que nous l'avons déjà dit. dans le but de précipiter ou de décomposer les matières organiques solubles des eaux d'égouts qui échappent aux réactifs usuels : nous n'avons obtenu que des succès d'essais, applicables dans quelques cas spéciaux, mais non aux milliers de mètres cubes de sewage sortant de nos grands centres : nous avons été contraint d'avoir recours au filtrage dans le sol cultivé. du moins pendant les mois secs de l'année. alors que nos rivières sont déjà si impures qu'elles ne peuvent recevoir que des eaux complètement épurées.

Pendant les mois d'avril à octobre inclusivement, nous avons fait absorber à des champs cultivés un très fort volume d'eaux-vannes préalablement épurées par la chaux : la rivière voisine ne recevait qu'un très petit volume d'un effluent extrèmement pur : une notable partie de l'eau s'infiltrait dans le sol ou se perdait par l'évaporation sous l'action du vent sur les terrains imbibés. Pendant les mois d'hiver, la rivière gonflait et en même temps, les champs saturés de pluie refusaient l'eau-vanne ; il était donc de toute nécessité de déverser l'eau épurée par la chaux seule directement à la rivière ; elle y disparaissait, noyée dans un très fort volume d'eau pure, sans occasionner aucun préjudice.

Distribution des eaux sur les cultures.

Nous avons observé que le meilleur moyen de faire absorber de fortes quantités d'eaux à nos terrains argilo-sableux, consistait à pratiquer à la charrue, des fossés de 50 centimètres de large sur 30 centimètres de profondeur et distants les uns des autres de 6 à 7 mètres. — Si le terrain présentait une légère déclivité dans le sens de la longueur des fossés, nous placions dans ces derniers quelques petites digues en gazon qui formaient des escaliers d'eau.

Nous nous sommes, en outre, bien trouvé d'espacer nos irrigations de huit en huit jours ; en travaillant dans ces conditions, nous faisions absorber chaque semaine 100 mètres cubes d'eau à un terrain de dix ares de surface. L'eau ne restait jamais stationnaire dans les rigoles plus de trente heures, le fond de celles-ci se fendillait et redevenait poreux avant le remplissage subséquent.

Difficultés pour obtenir une eau filtrée pure.

A l'origine de nos essais, nous avons pratiqué des drainages profonds : nous placions nos tuyaux à 1^m80 et les recouvrions d'un lit de 15 à 20 centimètres de briques cassées, puis nous remplissions la tranchée de terre bien damée.

Nous avons dû renoncer à ce mode opératoire : à notre grand étonnement l'eau sortait parfois fort trouble et brune du drain, quoique l'eau impure eut été répandue à 5 ou 6 mètres de distance de ce dernier.

Une tranchée pratiquée dans le terrain nous conduisit à attribuer cette contamination aux nombreuses galeries de taupes qui, prenant l'eau impure à la surface, la conduisaient directement dans les couches profondes du sol. — Nous avons dû renoncer aux drains couverts et adopter un système de fossés à ciel ouvert.

De l'action du sol comme milieu filtrant.

Lorsqu'une eau impure répandue sur un sol cultivé y pénètre, nous voyons d'abord une certaine quantité de liquide, retenue à la partie superficielle par la capillarité du milieu filtrant, s'évaporer sous l'action du soleil, du vent, et par l'intermédiaire de la végétation.

Une autre partie descendant plus bas que la couche arable atteint le sous-sol qui peut être constitué par de l'argile, du sable argileux, du gravier, du sable fin, de la craie fendillée, de la marne, voir même par du roc, etc.

L'eau-vanne acquiert pendant ce trajet un très grand état de division, aussi beaucoup d'auteurs, et parmi eux M. Frankland, admettent-ils qu'il se passe alors des phénomènes d'oxydation très énergiques, sous l'influence de l'oxygène atmosphérique qui occupe tous les espaces vides du sol.

Le carbone des matières organiques donne de l'acide carbonique ; l'azote des matières azotées ou des sels ammoniacaux fournit des nitrates ; tels sont, du moins, les produits que l'on retrouve en abondance dans les eaux de drainage.

Nous ne prétendons pas trancher ici la question de savoir s'il y a simple oxydation ou bien s'il y a décomposition par l'effet de la vie de microbes ; nous renverrons nos honorables lecteurs aux remarquables travaux de MM. Schloesing et Münz et de M. Béchamp.

Ce qui nous intéresse, au point de vue de l'épuration des eaux-vannes, c'est que des eaux contaminées abandonnent au sol, pendant le filtrage, une quantité très considérable de leurs impuretés.

Nous venons de parler du carbone et de l'azote, examinons sommairement ce que deviendront les sels minéraux sous l'action de l'argile spongieuse telle quelle se rencontre souvent dans nos terrains, alors que des milliers de vers et de petites racines l'ont pénétrée en tous sens de façon à constituer le plus beau milieu filtrant.

De nombreux agronomes mentionnent l'attraction de l'argile pour les matières salines : la fertilité de beaucoup de terrains argileux provient de cette affinité en raison de laquelle les matières fertilisantes solubles sont retenues par la terre et résistent aux lavages occasionnés par les pluies.

Nous n'avons pas eu connaissance d'expériences comparatives exactes effectuées avec divers sels : nous en sommes réduits à citer quelques rares faits, voire même à faire quelques hypothèses.

Chlorure de sodium peut être enlevé en petite quantité de ses dissolutions par l'argile.

Chlorure de potassium : doit être mieux retenu que le précédent par l'argile du sol : on en emploie beaucoup en agriculture en le semant à la surface des champs.

Chlorure de calcium : quand on irrigue un terrain cultivé il s'amasse à la surface par suite de l'évaporation de l'eau et l'on voit la terre devenir hygroscopique ; il faut éviter de le donner en excès, sans cela, on le retrouve dans les eaux de drainages par suite de la saturation du terrain : le fait de la saturation progressive dont nous reparlerons plus tard, montre que le sol a aussi un pouvoir de rétention marqué pour ce sel.

Sulfates de potasse, de soude, d'ammoniaque : il est probable que ces corps seront mieux retenus par le sol que les chlorures, d'autant plus qu'ils peuvent engendrer de plus nombreux produits de doubles décompositions peu solubles, tels que du sulfate ou du sulfure de calcium et des bicarbonates de soude et de potasse : si, par contre, les chlorures entrant en contact avec les bicarbonates calcaires ou magnésiens donnent aussi des produits de réactions complexes, nous retrouverons toujours le chlore uni à un métal comme produit final et sous une forme soluble.

Le *Sulfate de chaux* déjà peu soluble dans l'eau, sera très probablement le mieux retenu par le terrain filtrant ; l'action bienfaisante du plâtrage de terres argileuses est bien connue. Kuhlmann admet que mélangé à de la terre arable ce sulfate se réduit et s'oxyde alternativement , donnant son oxygène aux matières organiques azotées ou à l'ammoniaque pour les transformer en nitrates et reprenant ensuite l'oxygène de l'air Nous croyons en outre que le sulfate de chaux cédera de son soufre aux végétaux tels que les crucifères, colza, choux, navets, etc.

Lorsqu'il s'agira d'épurer des eaux-vannes, il ne faudra pas perdre de vue que le pouvoir de rétention du sol est limité. Les enquêtes faites en Angleterre ont démontré que les matières organiques accumulées à la surface n'étaient pas entièrement décomposées, en un mot, qu'il y avait sursaturation : si l'on avait fait des analyses de toutes les eaux de drains des champs irrigués on aurait pu voir que cette sursaturation ne se produisait pas uniquement à la surface mais qu'elle atteignait les nappes d'eau profondes.

Nous avons déjà recommandé de cesser les irrigations pendant les mois pluvieux ; nous ajouterons ici que ce repos accordé au sol sera absolument nécessaire pour lui permettre d'être lavé par les pluies, d'élaborer et de transformer toutes les matières dont on l'aura gorgé pendant la belle saison.

Résultats culturaux d'irrigation avec des eaux-vannes d'un peignage de laines et d'une mégisserie.

Nous avons eu l'occasion d'appliquer à l'agriculture ces eaux dont nous avons indiqué plus haut la composition ; nous avons constaté que malgré leur teneur en chlorure de calcium et de potassium elles donnaient de fort beaux produits

Un terrain d'un hectare fut cultivé avec succès pendant plusieurs années comme jardin potager et comme grosse culture, choux, lin, fèves, orge, avoine, blé, herbe, etc. — Nous employions nos eaux dans le triple but : 1° de les écouler d'une manière quelconque en les épurant ; 2° d'en retirer quelque profit en fertilisant le sol; et 3° de combattre l'effet des sécheresses sur nos cultures.

Nous avons dû abandonner cette voie malgré les beaux résultats culturaux ; les sondages effectués aux abords de notre champ d'expérience dénotaient une quantité croissante de chlorure de calcium dans la nappe d'eau souterraine, qui malgré cela restait absolument cristalline et pure en apparence

Au point de vue agricole, nous croyons qu'il y aurait, surtout pour la culture du lin, un avantage marqué dans l'emploi de l'irrigation. Il faudrait d'abord inonder, même submerger le terrain pendant l'hiver pour détruire les insectes nuisibles ; puis employer l'eau pendant les six premières semaines de croissance de la plante pour combattre les effets d'un temps sec ou d'un soleil trop ardent.

Nous dirions à peu près la même chose pour la culture des fèves.

De la filtration intermittente, de l'emploi de champs-filtres.

Après ce que nous venons de dire, l'on comprendra pourquoi nous n'avons pas voulu appliquer l'épuration par irrigation aux milliers de mètres cubes d'eau sortant journellement d'un grand peignage de laine. Nous aurions pu disposer d'un terrain de dix hectares, l'opération aurait parfaitement réussi au point de vue de l'effluent et des cultures, mais il y avait aux abords de ces champs des puits alimentant des brasseries et de nombreux ménages.

L'on peut se rendre compte d'avance des dommages pour longtemps irréparables qu'aurait occasionné le chlorure de calcium en arrivant jusqu'à la nappe d'eau souterraine.

Consulté par une commission officielle sur l'épuration des 15,000 mètres cubes d'eaux-vannes produits journellement par les villes de Roubaix et de Tourcoing, nous nous sommes également prononcé contre l'irrigation des campagnes très populeuses qui avoisinent ces deux villes (1).

Dans le but de réduire considérablement les surfaces à irriguer, nous avons alors appliqué l'idée de M. Frankland, en faisant de la filtration intermittente à très forte dose, sans avoir égard aux produits culturaux.

Nous avons établi à cet effet de grands « champs-filtres. »

Nous entendons par champs filtres, des terrains drainés et aménagés de telle sorte qu'ils puissent être entièrement inondés avec intermittence ; nous ne les cultivons en herbe que dans le but de conserver à la surface du sol son pouvoir absorbant : nous insistons sur les bons effets de l'herbe : nous avons souvent remarqué que la surface d'une terre dénudée se mastique rapidement et devient tout à fait imperméable, tandis que le pouvoir absorbant du gazon est énorme et se maintient indéfiniment si l'on calcule convenablement l'intermittence des irrigations.

Pour obvier aux inconvénients résultant de la présence des trous de taupes dans le sous sol, nous avons d'abord essayé de drainer nos champs au moyen de fossés ouverts de 1 m. à 1 m. 20 de profondeur : ce mode d'opérer nous permettait de découvrir facilement les sources d'eau non épurée qui était toujours beaucoup plus foncée que l'eau bien filtrée : une levée de terre de $0^m,15$ de hauteur et bien damée entourait notre champ en formant ainsi une digue dont l'axe était à 1 mètre du bord du fossé.

Après quelque temps d'expérience, comme nous ne réussissions pas à aveugler toutes les sources d'eau impure, nous avons pratiqué sous la digue un corroi en argile bien damé de $0^m,50$ de large sur $0^m,80$ de profondeur ; nous obligions par ce moyen l'eau à des-

---

(1) « L'irrigation, si elle avait pu être pratiquée aurait dû être reléguée dans » ce cas dans les marais déserts des bords de l'Escaut, mais comme ces der- » niers étaient sur le territoire Belge, cela compliquait trop la question. »

cendre dans le sous sol argilo sableux très poreux, connu dans le pays comme terre à briques ; si malgré toutes ces précautions un trou de taupe ou le vide laissé par quelque racine pourrie occasionnaient encore quelque rare fuite impure, il était facile de s'attaquer à ces points isolés.

L'avantage des champs-filtres est de permettre le réglage de la filtration : l'on peut faire les fossés plus ou moins profonds et en éloigner les corrois de façon à contraindre l'eau à effectuer un plus ou moins long parcours dans le milieu filtrant ; l'on a ainsi en main la conduite de l'épuration.

Nous fîmes d'abord quelques tâtonnements pour nous rendre compte du type à adopter définitivement ; une eau très brune, mais limpide, après clarification préalable par la chaux, fut envoyée sur notre champ-filtre ; après quelques heures, il se produisit un suintement très marqué tout le long des côtés de nos fossés ; cette eau de suintement fut analysée comparativement avec l'eau brute ; voici les détails de cet examen :

	MATIÈRES ORGANIQUES *solubles* et sels ammoniacaux.	SELS SOLUBLES divers.	RÉSIDU TOTAL.
Eau brute.............	1,150	3,300	4,450
Eau filtrée............	0,600	2,350	2,950

L'eau filtrée était encore un peu ambrée.

Cet essai tout à fait sommaire nous montre quel est le pouvoir épurateur du sol ; le liquide dans le cas particulier n'y avait effectué qu'un très faible parcours presque horizontal et pendant un temps très court.

Si l'on tient compte du volume d'eau qui s'évapore, et de

celui qui pénètre verticalement dans la terre, l'on comprendra que la quantité d'eau filtrée soit beaucoup inférieure à celle que l'on déversera sur le terrain ; donc, dans le cas particulier il y aura eu deux avantages notables au point de vue de l'écoulement de l'effluent : 1° Le volume de ce dernier aura été fortement réduit ; 2° son degré de pureté aura été augmenté.

Il valait donc la peine de se lancer sérieusement dans cette voie, quitte à rechercher plus tard quelque terrain suffisamment isolé et beaucoup moins étendu que celui qu'il aurait fallu pour l'irrigation agricole.

Voici le dernier type d'essai que nous avons adopté :

Un terrain de 45 mètres de long et de 28 mètres de large, a été entouré d'un fossé de $1^m,50$ de large sur $1^m,30$ de profondeur ; à 1^m du bord du fossé, un corroi de $0^m,50$ de large sur $0^m,80$ de profondeur, courait tout le tour du terrain, clôturé lui-même par une petite digue de $0^m,15$ de hauteur. La surface absorbante était ainsi réduite à 42^m de longueur sur 25 de largeur, soit à 1.050^m carrés.

Le terrain entrecoupé par des rigoles de distribution peu profondes était planté moitié en herbe, tandis que l'autre était en terre labourée.

Nous ne donnerons qu'un déssin en profil d'une partie du champ-filtre. (Voir fig. 3).

Les flèches indiquent le double mouvement qu'effectue l'eau en se filtrant, une partie descend verticalement et une autre arrive au fossé de drainage.

Nous avons versé, sur ce terrain, pendant un mois, de fin avril à fin mai 1882, chaque semaine, 100 mètres cubes (1) d'une eau à demi épurée, *très brune* et *très fétide* ; nos fossés ne donnèrent un liquide légèrement ambré que pendant le premier jour de la fil-

---

(1) Cette quantité aurait pu être doublée si toute la surface du champ avait été cultivée en gazon.

tration ; les jours suivants alors que le terrain ne faisait plus que s'essorer, l'eau était absolnment *cristalline* et *inodore* ; nous n'avons malheureusement pas pu poursuivre ces essais et analyser une prise d'eau moyenne d'une longue période d'expérience ; appelé à établir un échardonnage chimique de laines, nous avons abandonné ce domaine des eaux sales alors que le problème arrivait de jour en jour plus près de sa solution.

Nous n'hésitons cependant pas à dire que notre eau filtrée dépassait en pureté tout ce que nous avfons obtenu jusqu'alors ; en effet, le fossé collecteur alimentait un étang de 10 mètres carrés sur $0^m,60$ de proiondeur ; pendant tout le cours de nos essais son eau est restée absolument claire, inodore et incolore et pouvait dès lors arriver à la rivière voisine sans y occasionner la moindre infection.

Après ce que nous venons de dire, l'on comprendra quels grands services les champs-filtres peuvent être appelés à rendre ; complément indispensable de l'épuration chimique dans les pays pauvres en rivières, ils permettront d'épurer sur des surfaces relativement petites de très forts volumes d'eaux.

Citons un exemple à l'appui :

En 1880, la Société des Peigneurs de laines de Fourmies, poursuivie par l'Administration (1), entreprit l'épuration d'eaux de lavages de laines par les procédés Gaillet et Huet. — Il s'agissait ici non plus de 1,000 mètres cubes ou plus par jour, mais de quantités de 20 à 40 mètres cubes par usine. — L'installation Gaillet et Huet a même été appliquée chez M. Levasseur, qui fournissait journellement 12 mètres cubes d'eaux de savon ! — L'effluent renfermait encore par litre 3,80 de matières organiques solubles

et 6,80 de matières minérales soit un total de $10^{gr}\cdot60$.

---

(1) Association amicale des anciens élèves de l'Institut du Nord, 1882 (Gaillet et Huet).

Une eau soi-disant épurée, de cette nature, était encore très impure ; il aurait été intéressant de la voir rentrer promptement en décomposition dans de grands étangs.

Etant donné le faible volume d'eau, à traiter on aurait certaine ment pu trouver aux environs de Fourmies un terrain d'un hectare suffisamment isolé pour y pratiquer des champs-filtres et ne laisser aller à la rivière qu'un effluent réellement imputrescible.

TROISIÈME PARTIE

DU DANGER DES IRRIGATIONS ;
DE LA NÉCESSITÉ DE LES SOUMETTRE AU CONTROLE
DES CONSEILS DE SALUBRITÉ PUBLIQUE.

CHAPITRE XI.

DE L'INFECTION DES CHAMPS IRRIGUÉS ET DES SOURCES.

Nous avons déjà dit que les irrigations peuvent infecter la surface du sol cultivé et la nappe d'eau souterraine.

La surface des champs peut être infectée de deux manières : d'abord, par l'apport de microbes au milieu de plantes comestibles, et ensuite par la sursaturation du terrain cultivé par l'arrivée ininterrompue de matières organiques.

Il était inévitable que M. Pasteur fût appelé à intervenir dans le débat et à mettre dans la balance, contre l'emploi des irrigations, tout le poids de sa haute autorité scientifique.

M. Duverdy, dans une brochure pleine d'observations et de remarques très judicieuses concernant les irrigations de Gennevilliers nous rapporte les paroles de M. Pasteur ; nous le citerons textuellement, p. 11, nous lisons :

C'était à la Société nationale d'agriculture de France, dans la

séance du 1ᵉʳ décembre 1880. « M. Pasteur exposait alors les
» découvertes qu'il avait faite sur le charbon et sur ce que l'on
» appelle les champs maudits ; et en s'expliquant justement cette
» corruption de la terre de ces champs qui conserve, pendant un
» très grand nombre d'années les germes des maladies contagieuses,
» et qui fait que les germes de ces maladies atteignent tous
» les animaux. qui arrivent sur ces champs, M. Pasteur a été
» appelé à donner son opinion sur le projet même du service de
» l'assainissement de la Seine, tel que ce service le présentait alors.
» L'opinion de M. Pasteur est constatée dans les procès-verbaux de
» la Société nationale d'agriculture. »

Voici comment sont rapportées les paroles de l'éminent chimiste
et biologiste.

« *Aussi voit-il, (M. Pasteur) dit le procès-verbal, un grand*
» *danger dans l'exécution du projet adopté par le Conseil*
» *municipal de Paris, de conduire toutes les eaux d'égout*
» *sur une surface de 1.200 hectares, dans la forêt de Saint-*
» *Germain, pour être purifiées par la filtration à travers le*
» *sol ; il y aura des milliers de germes qui s'accumuleront*
» *sans cesse et qui pourront être la cause des maladies les plus*
» *graves.* »

Un peu plus loin , le procès-verbal contient le passage suivant :

« *M. Pasteur répond que les expériences dont il a parlé*
» *sont récentes, mais qu'une notion nouvelle apparaît, c'est*
» *que les germes du charbon et de la septicémie ne disparais-*
» *sent pas avec les opérations ordinaires de la culture. Il*
» *s'agit d'ailleurs ici des parties solides, car si l'eau est*
» *épurée, ces matières restent à la surface, et M. Pasteur ne*
» *saurait songer sans effroi, à la quantité innombrable de*
» *germes qui seront déposés, quand la science a aujourd'hui*
» *reconnu que ces germes ne sont pas détruits et conservent*
» *leur vitalité pendant douze ans au moins.*

» En continuant la lecture du procès-verbal, on y trouve que
» M. Pasteur résume son opinion ainsi : *M. Pasteur ne vou-*
» *drait pas, dans la crainte de l'imprévu qui pourrait se*
» *produire, prendre sur lui la responsabilité du projet*
» *adopté par la Ville de Paris.* »

La question s'est représentée huit jours après à la même Société
nationale d'agriculture et, là encore, M. Pasteur a confirmé ce que
nous venons de lire.

« *En présence de cette seule possibilité*, dit le procès-verbal
» de la séance du 8 décembre 1880, *M. Pasteur ne voudrait*
» *pas, comme il l'a déjà dit, prendre, en ce qui le concerne*
» *personnellement, la responsabilité de l'opération que les*
» *ingénieurs paraissent disposés à entreprendre sans crainte.*»

Cela dit, pour ce qui concerne la surface du sol irrigué, il ne
nous reste qu'à nous incliner devant le verdict du grand et sympa-
thique maître.

Quant à l'infection des couches d'eaux souterraines, elle pourra
former un sujet d'étude pour chaque cas spécial.

Les données du problème seront : la nature du sol et des eaux-
vannes, la plus ou moins grande distance des champs irrigués des
lieux habités, le climat, etc.

Nous avons déjà dit que les eaux impures peuvent circuler dans
des trous de taupes et arriver ainsi très loin des champs irrigués ;
nous avons en outre parlé des chlorures qui peu à peu sursaturent
le terrain.

Nous avions recueilli sur ce point une observation exacte.

Près d'un de nos bassins de décantation (1) (à 5 mètres et un peu en
contrebas) nous avions fait un trou de 4^m de long, 1^m30 de large et
1^m40 de profondeur, de façon à ne capter que la nappe d'eau circulant
horizontalement dans l'argile sableuse formant le sous sol ; tous les

---

(1) Eaux-vannes de peignage de laine et de mégisserie.

trous de taupe avaient été aveuglés par un corroi pratiqué dans la digue du bassin. — Une pompe nous servait à vider tous les jours le trou dont il ne sortait du reste, qu'une eau aussi belle à première vue que de l'eau de table. — Des poissons rouges y vécurent pendant un an et demi.

Nous avons constaté que les quantités de chlore contenues dans l'eau filtrée allaient sans cesse en croissant : voici le détail des analyses :

22 Mars 1880.	Chlore.	0,213 par litre.
3 Avril »	id.	0,248 »
14 Mai »	id.	0,437 »
1er Juin »	id.	0,497 »

Le parcours de 5^m à travers l'argile sableuse nous rend compte de ce qui peut se passer au point de vue de la salubrité publique; c'est, en effet, à 5 ou 6 mètres que l'on rencontre dans le pays (1) la couche aquifère qui circule dans du sable sur une assise imperméable d'argile bleu verdâtre compacte, dite argile d'Orchies.

Nous avons eu l'occasion d'étudier un autre exemple de contamination de la nappe souterraine. C'était en 1875, près de Francfort.

Une grande fabrique de matières colorantes occupait plusieurs hectares d'un terrain situé sur les bords du Mein; le sous sol était uniquement constitué par un lit de gros gravier mélangé à du sable fin ; les crues du fleuve se ressentaient jusque fort loin sous l'usine ainsi que nous l'avons plusieurs fois constaté, soit dans des puits soit dans les carneaux des chaudières à vapeur, qui couraient sous les voies de l'établissement, et qui se remplissaient d'eau dès que la rivière gonflait. Il s'était ainsi créé une sorte de flux et reflux de la nappe d'eau souterraine se manifestant une fois ou deux par an.

---

(1) Aux environs de Roubaix.

Les eaux pluviales après avoir lavé les toits et les cours descendaient dans des puits perdus pratiqués dans le gravier en y entraînant des matières goudronneuses résiduaires des diverses fabrications et qui par places, encombraient les cours.

L'on voulut un jour faire un puits à cent mètres en aval de l'usine, au milieu d'un grand pré ; l'on rencontra la nappe d'eau à deux mètres, dans le gravier, mais au lieu d'une eau pure on obtint un liquide sentant fortement la nitrobenzine et par moment recouvert de reflets irrisés goudronneux ; il fut impossible d'utiliser ce puits pour l'industrie, et l'on dut aller prendre l'eau beaucoup plus loin au bord de la rivière.

Des sondages établirent que l'infection s'était répandue tout autour de l'établissement, dans la couche d'eau influencée par les crues du Mein ; pour alimenter le personnel de l'usine en eau potable, on dut avoir recours à une source située dans une chaîne de collines hors de toute influence étrangère.

Le cas le plus grave d'une infection de la nappe aquifère souterraine, qui soit parvenu à notre connaissance s'est produit il y a quelques années aux environs de Lille.

Dans un travail détaillé sur les eaux de boissons de cette ville, dans lequel le Dr L. Carton (1) décrit minutieusement le régime aquifère de ce centre populeux, nous trouvons un chapitre spécial sur une infection très grande des eaux d'Emmerin, qui se produisit en 1882.

Nous croyons ne pouvoir mieux faire que de donner la parole au Dr L. Carton, en citant textuellement quelques pages de son travail.

Après avoir mentionné différentes causes d'altération de ces eaux de sources, le Dr L. Carton continue comme suit, p. 61 :

« *Infiltration à travers le sol.*— Une autre cause d'altération
» se présente à l'étude, la plus intéressante, sans aucun doute, par
» les inquiétudes qu'elle a éveillées, et le doute qu'elle a laissé dans

___

(1) Les eaux de boissons à Lille, par le Dr L. Carton. Lille, L. Danel 1883.

» beaucoup d'esprits ; nous voulons parler des infiltrations qui
» peuvent se faire à travers les couches perméables du sol, péné-
» trer soit jusqu'à la nappe souterraine qui alimente les sources, soit
» jusqu'à l'eau renfermée dans les conduites, et y amener des
» éléments capables d'en altérer les propriétés physiques ou chi-
» miques.

» Il s'agit de l'altération des eaux d'Emmerin, qui l'année der-
» nière (1882) mit en si grand émoi la population lilloise.

» *L'altération des eaux en* 1882. — La nappe souterraine
» qui alimente les sources d'Emmerin au point où ont été accomplis
» les travaux de l'Administration, est située à une profondeur de
» douze mètres, suffisante pour que les causes de souillures qui
» existent normalement à la surface du sol cultivé, ne soient pas
» tellement puissantes, qu'elles empêchent la filtration, qui se fait
» par les couches perméables, d'être complète. Les eaux pluviales,
» tombant à la superficie, arrivaient à la source dans un état de
» pureté satisfaisant, mêmes après s'être chargées des matières
» organiques qui se trouvent à la surface des champs : l'abondance
» de celles-ci n'était pas ordinairement trop grande pour empêcher
» l'oxydation durant leur passage à travers le filtre sus-jacent à la
» nappe souterraine.

» Telles étaient lors de la distribution des eaux d'Emmerin les
» seules causes capables d'en influencer les propriétés chimiques.

» Plus tard, lors de l'autorisation sollicitée en 1861, en 1869 et
» en 1874, par divers industriels, pour l'établissement de distille-
» ries au voisinage de la source (à Ancoisne, à Noyelles et à Houplin)
» Le Conseil central de salubrité, dans un rapport à ce sujet, avait
» déjà prévu la possibilité de l'altération des eaux par les vinasses
» provenant de ces usines, et s'était efforcé, par diverses mesures,
» de conjurer un danger qu'il redoutait.

» D'autre part, depuis plusieurs années, quelques faits avaient
» attiré l'attention de ce côté, et l'un d'eux plus particulièrement :
» l'eau de l'aqueduc au voisinage de la distillerie d'Ancoisne et de

» la tranchée de six mètres de profondeur qui avait été ouverte pour
» la construction de cet aqueduc, avait été en 1880 faiblement
» altérée ; alors on avait imposé au propriétaire de l'usine, diverses
» précautions à prendre, en vue d'éviter l'infiltration des vinasses
» et la pénétration d'éléments fâcheux dans les eaux de boissons.

» Mais en 1882, le changement survenu dans les caractères
» habituels de l'eau fut beaucoup plus remarqué, et les journaux
» de Lille appelèrent dans des articles émus, l'attention sur son
» altération. »

L'eau dans laquelle on finit par remarquer des flocons d'un
aspect ferrugineux avait pris successivement des goûts différents ;
rappelant d'abord l'odeur de matières organiques en décomposition
elle prit ensuite une saveur métallique, styptique et ferrugineuse
qui ne disparaissait pas sous l'action de la cuisson.

De savantes et intelligentes enquêtes furent faites ; il en résulta,
p. 66 :

« 1° Que pendant les périodes d'infection, les eaux charrient à
» leur surface des écumes d'un roux ferrugineux faciles à recueillir
» en tendant des toiles à la surface du courant.

2° Que l'infection commence également à se faire sentir dans
» l'aqueduc collecteur, un peu en amont de la source Billaut, vers
» le point où, le fond de la tranchée se trouvant dans la craie
» aquifère on a cru inutile de continuer le radier...... L'examen
» microscopique nous démontra qu'elles étaient formées presque
» exclusivement par un champignon inférieur, le Crenothrix
» Kühniana, dont les filaments se chargent au contact de l'air,
» d'un précipité ferrugineux, puis entrent en putréfaction et com-
» muniquent à l'eau une saveur des plus désagréables. »

L'enquête établit en outre, que l'eau prise aux sources n'était
pas contaminée ; les impuretés arrivaient dans le courant d'eau lors
de son passage sous les parties non maçonnées de l'aqueduc.

Différents remèdes furent proposés par les ingénieurs et quant

aux chimistes, ils concluaient, p. 68 : « à l'infiltration jusqu'à la
» nappe souterraine de sulfates de chaux et de fer provenant des
» vinasses, ce qui démontrait encore la nécessité d'isoler la source
» infestée et de fermer le radier. »

Enfin, à la page 74, M. Carton entre dans des détails très circonstanciés ; nous continuons à le citer textuellement :

« *Infiltrations dans la nappe souterraine*. — Il est pro-
» bable qu'à l'altération due au crénothrix, est venu s'ajouter un
» autre agent de corruption : nous voulons parler de l'infiltration
» des produits de distilleries, qui avait déjà attiré l'attention de
» l'Administration. De tous côtés, les causes d'altération de la
» nappe souterraine entourent les prises d'eau : irrigations de
» vinasses à hautes doses, mares à résidus de distilleries, puits
» perdus industriels perçant le sol du vallon d'Houplin. M. Meurein
» avait déjà signalé ces causes d'altération et les a précisées dans
» un dernier rapport au Conseil central de salubrité. « Aujour-
» d'hui que le mal s'est aggravé et que pour en rechercher la
» cause des sondages ont été effectués jusqu'au niveau du radier
» de l'aqueduc, dans les terres irriguées, au moyen des vinasses
» depuis 20, 10 ou 6, ans, on a pu constater l'origine et les pro-
» grès de l'altération de nos eaux. L'examen microscopique des
» terres recueillies au fond des trous de sonde, n'a nulle part
» permis de constater l'existence du crénothrix, mais l'analyse
» chimique a démontré l'accroissement de la sulfatisation du calcaire
» des couches irriguées. Les sulfates sont de deux ordres : sulfate
» de chaux, sulfate de fer. Tous deux se sont produits par
» la combinaison de l'acide libre des vinasses avec le carbonate
» de chaux du terrain peu soluble, pour former du sulfate de
» chaux plus soluble, et avec le fer de l'argile pour donner nais-
» sance à du sulfate de fer ; de sorte que nos eaux souterraines,
» qui, d'abord, ne contenaient ni sulfate de chaux, ni composés
» ferrugineux, sont menacées de recevoir, par le fait de l'irrigation,

» ces deux sels qui lui enlèveraient les caractères d'eaux potables
» et d'eaux industrielles.

» Une commission qui s'était rendue sur les lieux, constata
» l'infection des vinasses existants dans les fossés du bois, situé
» sur la rive gauche de la Deûle; les arbres étaient détruits par
» les acides, les herbes brûlées. Sur le terrain d'une distillerie,
» elle a constaté aussi, dans les bassins établis à la surface du sol,
» des résidus de distillation du maïs en pleine fermentation
» putride. La partie liquide s'infiltrait lentement dans le sol com-
» pris entre la rive droite de la Deûle et le canal de Seclin. Chez
» d'autres industriels, la commission a constaté la disposition des
» distilleries et la situation des terres sur lesquelles se font les
» irrigations des vinasses non chaulées; chez l'un d'eux, elle a vu
» que les eaux industrielles impures se rendaient dans des puits
» absorbants creusés dans le calcaire fendilée aquifère.

» Ce sont là des faits d'une importance capitale, et qui doivent
» entrer en jeu dans l'altération des eaux.....

» D'autre part, si on se rappelle les barbacanes ménagées
» dans les réservoirs à Emmerin, la suppression du radier de
» l'aqueduc d'amenée, entre Ancoisne et la source Billaut, et son
» remplacement par un filtre, n'est-il pas naturel de soupçonner ces
» portes ouvertes à tous les éléments du sol, d'avoir laissé pénétrer
» une partie des produits dangereux :

» Que l'irrigation déborde la puissance oxydante du sol; qu'une
» averse violente entraîne dans des crevasses les liquides d'égout
» ou d'industrie, voilà l'eau souterraine qui devient un liquide
» suspect ou positivement contaminé.

Les dangers d'infection des eaux souterraines par les infiltrations
sont reconnus même par quelques partisans des irrigations. M. le
D\ Arnould, dans un intéressant travail (Les controverses récentes, etc.)
nous a fait l'honneur de mentionner en termes très bienveillants nos
essais de Croix; en parlant de notre crainte d'irriguer plusieurs
hectares avec des eaux chlorurées, il dit : « Quant à l'épuration

» agricole, M. de Mollins craint que les eaux industrielles filtrées
» par le sol, ne mettent dans la nappe souterraine une quantité de
» chlorures qui deviendrait gênante, spécialement pour les brasse-
» ries. Je ne sais si cette crainte théorique est absolument fondée,
» mais en supposant que pareil inconvénient dût se présenter, je
» crois que le drainage des champs le préviendrait ; *et, d'ailleurs,*
» *n'est-il pas entendu que les grands centres doivent se pour-*
» *voir d'une distribution d'eau et abandonner les puits.* »
C'est nous qui soulignons, nous dirons en outre que les grands centres et les localités irriguées doivent abandonner les puits.

Un autre adepte des irrigations fait également un aveu bon à
noter : M. Jules Babut du Marès dit en effet, dans son ouvrage,
p. 94 : « Le sewage de Berlin renferme 54 g. 5 d'azote par mètre
» cube ; quatre analyses de l'eau d'écoulement d'une prairie irriguée
» donnèrent les résultats suivants :

1re Analyse.	Azote.	40 gr.
2e »	»	31 »
3e »	»	25 »
4° »	»	21 »

« Il résulte de ces analyses qu'environ la moitié de l'azote
» du sewage de Berlin s'en va aux sources et aux puits de ses
» environs. »

Ailleurs, p. 21, M. Babut du Marès dit encore :

« Des irrigations exagérées, distribuant à une surface trop de
» sewage à la fois ou une quantité annuelle d'engrais dépassant le
» sewage de 100 personnes par hectare ou bien encore le passage
» du sewage à travers des couches de sable siliceux pur, peuvent
« causer la pollution des cours d'eau, de la nappe souterraine ou
« des sources. »

Nous sommes pleinement d'accord avec M. Babut du Marès ;
nous ajouterons, de plus, qu'aucune localité importante appliquant

l'irrigation, n'a encore pu se soumettre à ne verser que le sewage de 100 habitants par hectare de terrain et par an ; partout, cette dose a été fortement dépassée.

D'autres partisans très convaincus de l'irrigation reconnaissent enfin que la culture ne bénéficie pas de la totalité des matières fertilisantes de l'eau et que celles-ci se rendent dans le sous-sol.

En parlant de Berlin, M. Durant-Claye nous dit en effet (1) : « Les eaux fournies par les drains placés sous les champs irrigués « ont donné à l'analyse : acide azotique par mètre cube » 0 k. 052 à 0 k. 708 pour les prairies et 0,072 à 0,199 pour les cultures diverses ; « les eaux d'égouts versées sur le sol dosaient 0 k. 131 » à 0,160 d'ammoniaque ».

Cela signifie qu'après sursaturation du sol il y avait déperdition de la totalité de l'azote sous forme de nitrate ; que dira-t-on si l'on note que la potasse suit la même voie et que peu à peu les matières organiques en feront autant.

Il serait donc bien désirable que partout où l'on applique des eaux d'égouts à l'irrigation on réunit le plus de données possibles sur l'infection de la nappe d'eau souterraine ; en effet, cette nappe aquifère qui alimente les puits et les sources appartient à tout le monde ; il ne doit pas être loisible à chacun d'y laisser arriver des matières de nature à en altérer la pureté. C'est aux conseils de salubrité publique qu'il appartient de surveiller la nappe d'eau souterraine aussi bien qu'ils surveillent les rivières et les protègent contre l'infection provenant des diverses industries ou des villes.

Toute personne désireuse de pratiquer l'irrigation ou la filtration intermittente à haute dose, avec des eaux contaminées, devrait préalablement faire une demande à l'Administration. Le Conseil de salubrité publique ou une commission spéciale étudierait la nature du sol et du sous-sol, prendrait des échantillons du terrain à

---

(1) L'assainissement de la ville de Berlin, Paris, Bernard et Cie, p. 13.

diverses profondeurs et conserverait des touries pleines de l'eau des puits ou sources avoisinant les terrains à irriguer ; au besoin elle ferait un sondage spécial jusqu'à la nappe d'eau pour en garder une provision suffisante pour l'analyse.

Le Conseil de salubrité conserverait ainsi des témoins qui seraient plus tard de la plus grande utilité pour l'étude de la question.

QUATRIÈME PARTIE

DES IRRIGATIONS AU POINT DE VUE ÉCONOMIQUE. CONSIDÉRATIONS DIVERSES.

——

CHAPITRE XII.

LES IRRIGATIONS DOIVENT ÊTRE GÉNÉRALEMENT CONSIDÉRÉES COMME UNE CHARGE ET NON COMME UNE SOURCE DE REVENUS.

——

Nous arrivons ici à un point capital, qui a soulevé bien des discussions, et où même souvent la passion a été plus ardente dans la lutte que ne le comporte un sujet purement scientifique et expérimental.

Les procédés chimiques ayant leurs partisans, de même que les irrigations ont les leurs, nous nous permettrons de poser une question à ces derniers :

L'irrigation avec le sewage, telle qu'elle a été pratiquée jusqu'à ce jour, a-t-elle rempli le but désiré ; a-t-elle restitué à la terre la *totalité* des principes fertilisants des eaux d'égout ?

A cette question, nous répondrons : non.

Tout d'abord, en Belgique et dans le Nord de la France, nous excluerons l'irrigation agricole pendant quatre mois d'hiver, au moins.

Si l'on veut, pendant cette période pluvieuse, inonder des

prairies ou colmater des champs, les terrains, sursaturés d'eaux pluviales, n'absorberont certainement que bien peu des éléments des eaux-vannes.

Au printemps et en été, si l'on veut utiliser la totalité des matières fertilisantes des eaux d'égoût, il faudra faire de faibles arrosages, en n'humectant que la surface de terre arable à 30 ou tout au plus 50 centimètres de profondeur ; l'eau, retenue par la capillarité restera dans le sol, elle s'évaporera peu à peu ou descendra très lentement en s'épurant d'une manière parfaite.

Nous aurons ici une épuration de l'eau, non plus par simple filtration, mais aussi par évaporation.

Ce n'est pas là ce qui se pratique généralement.

A Gennevilliers, la nappe d'eau souterraine s'est élevée et les habitants se plaignent amèrement des inondations de leurs caves ; pour obvier à cet inconvénient, on a installé de puissants drains pour éliminer les eaux filtrées.

En Angleterre, partout où l'on irrigue, l'on parle de drainage ; l'on sait que l'effluent de ces drains est souvent loin d'être une eau pure.

Pour épurer par simple arrosage, de façon à utiliser tous les principes de l'eau d'égout, il faudrait des surfaces bien autrement plus considérables que toutes celles que l'on irrigue actuellement.

M. Babut du Marès (1) estimant à un hectare la surface nécessaire à l'épuration du sewage annuel de 100 personnes reconnaît (p. 164) la difficulté d'irriguer des surfaces aussi considérables quand il dit : « en Angleterre, la généralité des irrigations dans les conditions qui « leur sont faites aujourd'hui, perdent la moitié des richesses ferti- « lisantes de l'eau. »

La perte d'engrais sera d'autant plus forte que souvent les administrations, gênées par le manque de place, feront non plus de la

---

(1) Le sewage, par J. Babut du Marès, Paris. Baudry.

simple irrigation, mais du colmatage en submergeant complètement pendant des périodes plus ou moins longues, des terrains qui seront plus tard mis en culture. — Il y aura alors filtrage à haute dose et la plupart des éléments fertilisants descendront dans le sous-sol.

Nous avons suffisamment insisté sur ce dernier point dans le chapitre précédent.

Si la culture à l'eau d'égout bénéficiait de tous les principes fertilisants qui lui sont apportés, nous ne verrions certainement pas, en Angleterre, la plupart des « sewage farms » en déficit.

Une Commission spéciale nommée en France, en 1885, par M. le Préfet du Nord pour étudier la question dans toute l'Angleterre, rentra de sa tournée sans que l'on ait pu lui montrer une seule grande ville faisant avec profit des irrigations à l'eau d'égout.

Si, en Allemagne, nous voyons la ville de Danzig particulièrement favorisée, c'est parce que cette cité a eu la bonne fortune de pouvoir irriguer, dans son voisinage immédiat, de grandes étendues de dunes jadis mouvantes au gré des vents et sans aucune valeur.

Toutes les villes ne sont pas à même de trouver ainsi à leurs portes de très grandes étendues de champs déserts, perméables et faciles à acquérir.

Nous avons vu divers auteurs citer les irrigations pratiquées en amont de Lausanne en Suisse, comme particulièrement productives.

La ville de Lausanne (1), amplement fournie d'eaux alimentaires, pratique généralement le système du tout à l'égout; en aval de la ville, on recueille les eaux-vannes et on irrigue de fort beaux prés.

Le cultivateur irrigue à son gré; quand il pleut il envoie au lac le trop plein de ses rigoles : de même en été, pendant la récolte des

---

(1) Nous avons souvent entendu nommer telle ou telle villa, entourée de prairies irriguées, comme étant le siège du typhus, mais nous n'avons pu nous procurer de statistiques exactes sur ce sujet.

foins ; il n'y a donc pas ici une utilisation réelle de la totalité des eaux-vannes de Lausanne.

Nous dirons donc, pour terminer, que l'irrigation à l'eau d'égout n'a pas résolu le côté économique du problème consistant à épurer les eaux-vannes en rendant au sol la totalité de leurs richesses.

CHAPITRE XIII.

COMMENT FAUDRA-T-IL CONCILIER LES EXIGEANCES DE L'HYGIÈNE ET CELLES DE L'ÉCONOMIE AGRICOLE ?

L'hygiène nous crie de toutes parts : guerre aux fosses d'aisance fixes ! guerre à toutes les immondices en stagnation ! tout à l'égout ! tout à l'eau ! et tous ces flots d'eau hors des villes !

L'économie agricole, par contre, nous dit : restituez à la terre tout ce qui en vient, sans cela la pâle misère ira s'asseoir au foyer de l'agriculteur, et de là se répandra dans les villes.

Nous avons vu que les procédés d'épuration chimique sont impuissants à extraire toutes les matières fertilisantes contenues dans les eaux d'égout.

Les procédés d'épuration par irrigation agricoles, un peu plus avantageux, ne restituent pas non plus au sol tous les éléments des eaux impures.

Devons-nous donc, après tant de labeurs, arriver ainsi à des conclusions négatives et rester inactifs ? Non !

Cédons d'abord aux exigences de l'hygiène : là où les rivières d'un trop faible débit ne pourront absorber, sans danger d'infection les déjections des grandes villes, construisons des canaux jusqu'à la mer.

Que les villes de Paris, Bruxelles, Lille, Roubaix et Tourcoing entrent résolument dans cette voie ! Les dépenses une fois faites serviront pour très longtemps, en attendant que nos descendants, ou nous approuvent, ou découvrent un autre remède à la situation.

Rien n'empêcherait, du reste, les agriculteurs riverains de ces aqueducs de faire usage des eaux-vannes sous le régime convenant le mieux à leurs cultures, et sous le contrôle des Conseils de salubrité publique.

Avec le système du « tout à la mer », au lieu de cultiver des plantes industrielles ou autres, avec les eaux-vannes, nous cultiverons des poissons.

Une personne bien renseignée nous affirmait un jour, que d'après les statistiques anglaises, c'était à l'embouchure de la Tamise que la pêche était la plus productive ; quoi d'étonnant à cela ? Les déjections de Londres rentrent dans le cycle de la vie en suivant successivement la série des êtres vivants depuis les algues microscopiques jusqu'aux poissons.

Redoublons donc d'activité sur nos côtes ! Que nos laboratoires maritimes nous indiquent les lois de reproduction des animaux marins utiles ! Que notre marine se multiplie pour aller chercher au loin les produits de ses pêcheries !

Si les continents sont en perte, c'est la mer qui doit combler les déficits et qui les comblera largement si nous lui arrachons opiniâtrement ses richesses.

Que l'on enseigne à la jeunesse à connaître la mer, à en étudier les produits : que l'on prenne au sérieux l'utilisation de la marée et des vagues comme force motrice ; que sur les côtes brûlantes d'Afrique nous cherchions à extraire les produits d'évaporation des eaux de mer.

Qui pourrait, par exemple, nous empêcher de considérer le projet de mer africaine, du commandant Roudaire, comme appelé à devenir une source de grandes richesses ? L'eau de la Méditerranée, évaporée sur d'immenses surfaces, donnerait, à côté des sels usuels, des quantités de sels potassiques et magnésiens, semblables à ceux que l'agriculture fait venir à grands frais du Nord de l'Allemagne.

Qui sait, si le salage artificiel de grandes plaines de sables brûlants par le moyen d'irrigations à l'eau de mer, ne nous procurerait pas des gisements de nitrates comme ceux du Chili?

L'exploitation de la mer est, du reste, déjà pour nous une source de grandes richesses ; nous ne parlerons pas en détail des poissons, un des éléments essentiels de notre alimentation, ni de leurs détritus soit frais, soit conservés sous le nom de guano-marin, qui fournissent d'excellents engrais à l'agriculture ; nous ne pouvons nous étendre ici sur le commerce maritime, ni sur les magnifiques produits des mers chaudes ; il faudrait une vie d'homme pour tout décrire. Nous dirons simplement que la mer nous offre amplement l'occasion de satisfaire les lois de restitution si impérieusement défendues par les économistes.

Donc, pour conclure en satisfaisant et les hygiénistes et les économistes, nous dirons pour ce qui concerne les grandes villes tout à l'égout, tout à la mer, tout de la mer.

CONCLUSIONS.

———

1° Avant d'adopter un procédé d'épuration des eaux d'égouts, il faudra étudier :

a) La configuration du terrain sur lequel on voudra s'installer.

b) Le régime de la rivière qui devra recevoir l'eau épurée. Il faudra notamment se rendre compte de l'intensité de l'épuration naturelle propre à ce cours d'eau.

c) La géologie du sous-sol, si l'on veut pratiquer les irrigations.

2° Les grandes villes pourront appliquer à l'épuration de leurs eaux-vannes :

a) Les procédés chimiques.

Les rivières ne seront plus envasées, elles ne charrieront plus autant de matières organiques solubles que par le passé ; l'épuration naturelle se fera dans de meilleures conditions ; les poissons y retrouveront leurs éléments d'existence.

b) Les irrigations agricoles.

L'eau filtrée sera plus pure et la pollution moindre encore qu'avec les procédés chimiques.

c) Dans maintes circonstances, on pourrait supprimer la formation de vase dans le lit des rivières, en provoquant un mélange d'eaux pures et d'eaux d'égout dans de grands bassins de décantation faciles à curer.

d) Le tout à la mer.

Un canal spécial conduirait le produit des égouts directement à la mer.

Les agriculteurs riverains pourraient y puiser les eaux nécessaires à des irrigations.

L'exploitation rationnelle des eaux de la mer rendrait aux continents les matières fertilisantes perdues par eux, ou leur équivalent, sous forme de richesses.

3° Les industriels pourront appliquer à l'épuration de leurs eaux-vannes :

a) Les procédés chimiques.

b) Les irrigations agricoles

c) La filtration intermittente } après traitement chimique.

Le drainage des champs irrigués pourra rencontrer des difficultés; un système de fossés ouverts, isolés par des digues et des corrois, permettra de supprimer facilement les sources d'eaux impures.

d) L'action du fer et celle de l'argile sur les eaux-vannes méritent une mention spéciale et une étude plus approfondie.

4° L'épuration des eaux-vannes, qu'elle soit chimique ou qu'elle soit agricole, devra généralement être considérée comme une charge.

Les irrigations des cultures, telles qu'elles sont ordinairement pratiquées, ne restituent au sol qu'une faible proportion des matières fertilisantes amenées par l'eau d'égout.

L'épuration chimique est encore moins avantageuse que l'irrigation, comme source d'engrais.

Il y a de notables économies à appliquer à l'épuration chimique :

a) En utilisant rationnellement toutes les circonstances topographiques locales.

b) En remplaçant les bassins de terre ou de maçonnerie très coûteux et difficiles à curer, par de simples champs décanteurs sur lesquels la boue séjournera jusqu'à siccité.

5° Il n'est pas désirable que chaque industriel soit individuellement tenu d'épurer ses eaux-vannes, sauf si son établissement est absolument isolé.

Si les fabriques sont rapprochées les unes des autres, l'épuration sera simplifiée par le mélange des diverses eaux dans un collecteur général ; le produit final de toutes les réactions sera plus facile à épurer que chaque composant pris isolément.

6° La stagnation des eaux-vannes, préalablement décantées après traitement par la chaux, peut fournir un moyen d'achever l'épuration et de détruire des matières organiques qui échappent aux réactifs.

L'épuration s'effectue, dans ce cas, par la culture d'organismes microscopiques : l'oxygène de l'air n'agit principalement que pour entretenir la vie de ces animalcules ; il n'oxyde directement les matières organiques dissoutes qu'en une très faible mesure.

7° Les irrigations agricoles et la filtration intermittente présentent de graves dangers :

a) Par l'apport, au milieu de cultures maraîchères. de microbes infectieux tenus en suspension dans l'eau d'égout.

b) L'eau, imparfaitement épurée par la filtration dans le sol. peut atteindre la nappe souterraine et contaminer les puits et les sources.

8° Tout déversement d'eaux impures sur des terrains cultivés ou non, devrait être soumis à l'autorisation préalable et à la surveillance des Conseils de salubrité publique.

OUVRAGES CONSULTÉS.

A. Dudouy. — Utilisation des eaux d'égouts. Paris, E. Lacroix, 1865.

Angus Holden. — Report to the corporation of the borough of Bradford. Bradford, John Dale et C°. 1869.

F. Vidalin — Pratique des irrigations. Paris, Librairie agricole, rue Jacob, 26, 1874.

A. Ladureau. — Utilisation des eaux industrielles de Roubaix-Tourcoing. Lille. L. Danel, 1874.

A. Petermann. — La précipitation des eaux d'égouts par le procédé Whitthread. Station agricole de Gembloux, 1875.

A. Gérardin. — Traitement des eaux industrielles. Paris, J. Lecuir et Cie. 1876.

Houzeau. Devédeix et J. Holden. — Mémoire sur un projet d'épuration des eaux de Reims. Paris, E. Lacroix.

F. W. Dünkelberg — Der Wiesenbau. F. Vieweg u Sohn Brainschweig. 1877.

Préfecture de la Seine. — Épuration et utilisation des eaux d'égouts, documents administratifs, enquête et annexes. Gauthier-Villars. Paris, 1876.

Rapport de la Commission. — (Épuration des égouts de la ville de Reims.) Reims. J. Gérard fils et Masson, 1877.

Service municipal des eaux de Roubaix. — Analyse des eaux de la Lys, 1877.

E. Devédeix. — Mémoire sur la purification des eaux d'égouts. Paris, E. Lacroix, 1878.

A. Ronna et L. Grandeau. — Assainissement de Roubaix-Tourcoing. Paris, Librairie agricole, 1878.

Ch Duverdy. — Dangers et inefficacité des irrigations. Paris, Dunod, 1878.

Die Chem. Industrie. — 1879, J. Springer, Berlin.

Von Podewils. — Die Conservirung und Poudrettirung der Abfallstoffe durch Rauch. Munich, 1879.

Journal Officiel belge. — 12 mai 1880.

Arrêté préfectoral du 17 juin 1880. — Mairie de Fourmies (Nord).

Le Progrès du Nord du 14 août 1880.

Rapport de la Sous-Commission. — Épuration des eaux de l'Espierre, villes de Roubaix-Tourcoing. Lille, L. Danel, 1881.

Journal des Brasseurs du 20 février 1881.

L'Observateur d'Avesnes du 8 décembre 1881.

L'Indépendance Belge du 5 avril 1881.

Le Progrès du Nord des 29 avril et 7 octobre 1882.

A. Neujean. — Industrie agricole et salubrité. Supplément du journal La Meuse du 19 septembre 1882.

Gaillet et Huet. — Épuration des eaux de vidange des fabriques. Bull. Assoc. amicale des anciens Élèves de l'Institut du Nord. Lille, L. Danel. 1882.

Journal de Roubaix du 13 juin 1881 et du 3 juin 1882.

A. Neujean. — Société des Engrais et produits chimiques de la Meuse. Liège, Léon Dethier, 1882.

La Chronique de Bruxelles du 21 juillet 1882.

Le Dr Jules Arnould. — Les controverses récentes au sujet de l'assainissement des villes. Paris, J.-B. Baillière et fils. 1882.

A. Neujean. — Condensation du gaz acide sulfureux par les scories : emploi de ces dernières comme filtres. Liège, G. Thiriard, 1882.

Eug. Miotat. — Le système diviseur. Paris, Ducher et Cie, 1881.

Chemiker Zeitung du Dr Krause. — 1883, No 89. 1884, Nos 27, 67, 68, 75, 76, 87, 89. 1885, Nos 18, 34, 36, 38. 1886 à 1889.

H. Journez. — Rapport sur l'épidémie de fièvre typhoïde de Liège. Bruxelles, A. Manceaux, 1883.

Cn. Duverdy. — Des irrigations. Paris, Berlin, Saint-Germain, D. Bardin et Cie, 1883.

J. Babut du Marès. — Le sewage. Paris, Baudry, 1883.

Journal des Fabricants de sucre, 21 novembre 1883.

· A. Neujean. — Les eaux de vidange. Liège, 1883.

Le Dr L. Carton. — Les eaux de boisson à Lille. Lille, L. Danel, 1883.

M. Knauff. — Der Torf als filtrationsmittel. Berlin, A. Seydel, 1884.

Le Dr E. Putzeys. — Note sur l'épuration et l'utilisation des eaux d'égouts de Verviers. Liège, Deck et Nierstrasz, 1884.

Le drainage domestique, réponse à M. l'Ingénieur Mottard, Liège. H. Vaillant.

Le Moniteur des Produits chimiques du 25 octobre 1884.

Le Progrès du Nord du 23 août 1884.

G.-M. Kennis. — Ville de Blankenberghe. Utilisation des matières d'égouts par l'agriculture. Bruxelles, H. Mommens, 1884.

Le Dr Van Mullem. — Rapport au Conseil communal de la ville de Blankenberghe. 1884.

G.-M. Kennis.— Lettre au Gouverneur de la Flandre occidentale. Assainissement de Blankenberghe. Bruxelles, H. Mommens, 1884.

A. Neujean. — Lettre au Rédacteur du journal de Liège. Salubrité publique et eaux de vidange. 16 juillet 1884.

W. Spring et E. Prost. — Étude sur les eaux de la Meuse Liège, H. Vaillant, 1884.

Duverdy. — Les eaux d'égouts de Paris et la forêt de Saint-Germain. Saint-Germain, D. Bardin et Cie, 1884.

P. Pignant. — De l'assainissement des villes, Paris, J. Michelet, 1884.

H. Fleck. — Ueber Fluss Verunreinigung. Dresde, Zahn und Jaensch, 1884.

A. Durand-Claye. — L'assainissement de la ville de Berlin. Paris, E. Bernard, 1885.

J. Dufour. — La distribution des eaux à Zurich et le typhus de 1884. Genève, Archives des sciences naturelles, 1885.

F. et E. Putzeys. — L'hygiène dans la construction des habitations privées. Paris, J. Michelet, 1885.

Chemisches Central Blatt. 1885, N° 17.

E. Devonshire. — L'application pratique du fer à la purification des eaux. Anvers, Ratinckx, 1885.

L'Indépendance Belge du 5 décembre 1885.

Journal de Roubaix du 20 novembre et du 4 décembre 1885.

A. Durand-Claye. — Écoulement direct. Paris, E. Bernard, 1885.

The spongy Iron filtre C°. — Exposition d'Anvers 1885.

Le Moniteur des Produits chimiques du 25 mars 1885.

G. Kennis. — Les égouts dans les bains de mer. Bruges, Neut-Janssens, 1885.

G. Kennis. — Les matières fécales. Assainissement de Blankenberghe. Scharbeck, H. Mommens, 1885.

E. Gilon. — Le barrage de La Gilleppe. Verviers.

Commission Préfectorale pour étudier la question de l'épuration des eaux de l'Espierre. Lille, L. Danel, 1885.

Ch. Joly. — La question des eaux d'égouts. Paris, A. Michel, 1877.

Gazette de Lausanne du 12 août 1886. P.-S. Forel. — Les organismes pélagiques du lac Léman.

Dr J. König. — Ueber die Principien und Grenzen der Reinigung der Schmutzwässern. Berlin, J. Springer, 1885.

Le même. — Die Verunreinigung der Gewässer, 1887.

A. Kemna. — La purification des eaux par le fer métallique Gand, Annoot Brackmann.

G.-H. Gerson. — Die Verunreinigung der Wasserläufe. Berlin, A. Seydel, 1889.

Le Moniteur Scientifique du Dr Quesneville, 12, rue de Buci. Paris, 1876 et 1885.

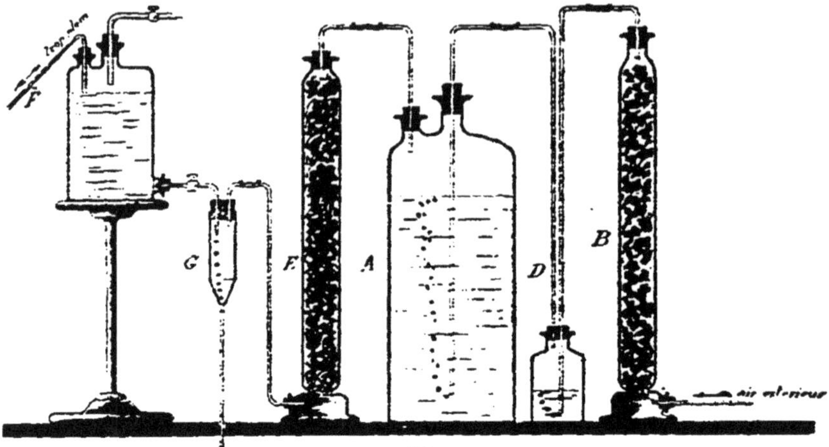

Fig. 1

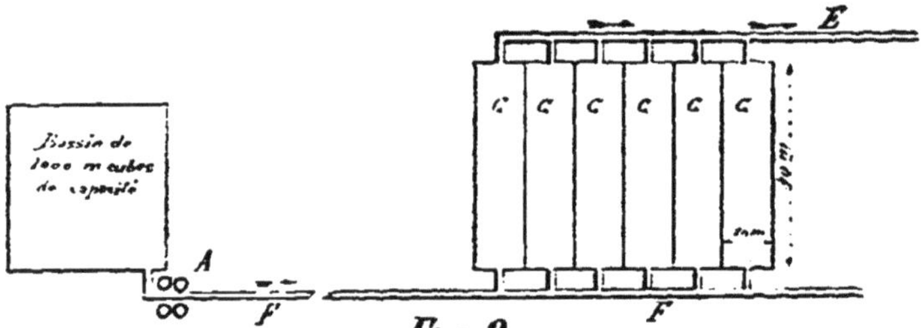

Fig. 2

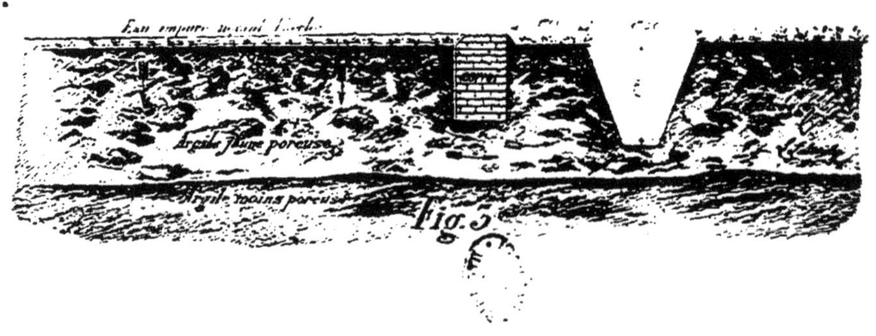

Fig. 3

TABLE DES MATIERES.

TROISIÈME PARTIE

Du danger des irrigations ; de la nécessité de les soumettre au contrôle des conseils de salubrité publique.

QUATRIÈME PARTIE

Des irrigations au point de vue économique.

Lille Imp. L. Danel.